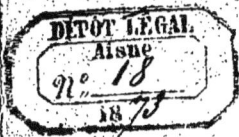

COURS D'ARBORICULTURE

PROFESSÉ

A LA SOCIÉTÉ D'HORTICULTURE DE SAINT-QUENTIN

COURS
D'ARBORICULTURE

PROFESSÉ

A LA SOCIÉTÉ D'HORTICULTURE DE SAINT-QUENTIN

PAR

M. DU BREUIL

ET RÉSUMÉ PAR

M. Georges LECOCQ

SAINT-QUENTIN.
IMPRIMERIE LÉON MAGNIER FILS, RUE SAINT-JACQUES, 6.

1873

AVANT-PROPOS

———

Au moment où nous livrons ces pages au lecteur nous croyons devoir l'avertir qu'il se trompe singulièrement s'il espère y trouver un cours complet d'arboriculture. M. Du Breuil était venu faire entendre dans notre ville sa parole élégante et pure. Un public aussi nombreux qu'empressé vint l'entendre assidûment sans être jamais fatigué du nombre et de la longueur des leçons, grâce au talent du professeur. Quant à nous, chargé de résumer ce cours, nous ne pouvons en présenter qu'un pâle et succinct aperçu. Quelques notes, sèchement condensées, rappelleront, si on veut y mettre de la bonne volonté, les heures que nous avons si agréablement passées à Fervaques au mois d'octobre dernier ; c'est là d'ailleurs le seul but que nous nous sommes proposé. Pour les planches et les explications détaillées nous renvoyons aux excellents ouvrages dans lesquels M. Du Breuil a mis autant de clarté que de savoir.

G. L.

PREMIÈRE LEÇON

CONSIDÉRATIONS GÉNÉRALES SUR LA CULTURE DES VERGERS
ET CELLE DES JARDINS FRUITIERS.
CRÉATION D'UN JARDIN FRUITIER. — CHOIX D'UN EMPLACEMENT
CLOTURE. — DISTRIBUTION DU TERRAIN.

La culture et le commerce des arbres fruitiers ont pris un grand développement depuis l'établissement des voies rapides qui sillonnent la France. Il arrivait autrefois qu'un nombre considérable de produits était perdu faute de débouchés, tandis que d'autres localités en manquaient totalement. Un tel état de choses est aujourd'hui disparu et chaque département profite des produits spéciaux aux autres parties du territoire. Laissons parler les chiffres qui ont leur éloquence : la Compagnie du chemin de fer d'Orléans a transporté en 1852, 900 tonnes de fruits frais,

en 1858, 2,300 id.   id.
en 1864, 3,600 id.   id.
et en 1865, 4,000 id.   id.

Depuis lors, la progression n'a cessé d'être croissante.
Non-seulement la France se suffit à elle-même, mais elle

est ou ne tardera pas à être entièrement le jardin fruitier de tout le Nord de l'Europe.

Pour obtenir des avantages importants, il y a, surtout au point de vue de la spéculation, des règles économiques à observer.

Il faut rechercher et adopter le mode de culture qui donne la plus grande quantité de fruits avec le moins de dépense possible.

On ne doit produire dans chaque localité que les fruits qui s'y accommodent le mieux sous le double rapport du climat et du sol. Ainsi la poire sera cultivée de préférence par le commerçant dans l'Anjou; le raisin précoce dans le Sud-Ouest et le Midi; les pêches et autres fruits à noyaux dans le Midi et principalement le Roussillon.

Que si l'on veut produire des fruits dans notre région, il y a deux systèmes de culture : le verger et le jardin fruitier.

La culture dans le verger d'arbres à haut vent plantés à d'assez longues distances coûte fort peu, les frais de création et d'entretien étant presque nuls; les arbres profitent des soins, de l'engrais donnés pour les récoltes qui viennent dans les espaces laissés vides et qui paient l'intérêt de la terre. Mais le produit, en quantité comme en qualité, est en rapport avec la dépense faite. C'est ainsi qu'un poirier doit être planté de 20 à 25 ans pour donner son maximum de fruits.

Autre inconvénient : à une année d'abondance succède une année de disette, sans compter les années trop fréquentes où les intempéries des saisons détruisent fleurs et fruits.

Enfin, par suite de l'absence de taille, les fruits de verger sont de qualité bien inférieure à ceux du jardin fruitier, leur vente est par conséquent moins facile et ne peut guère se faire que dans les grands centres de population. C'est donc près de ces villes qu'il faut établir les vergers, afin que la consommation ait lieu sur place : l'importance du débouché indiquera l'étendue que l'on consacrera à cette culture.

Un procédé tout différent est celui de la culture dans le jardin fruitier. Signalons tout d'abord une erreur que l'on commet souvent et qu'il faut éviter à tout prix. On a la coutume de planter dans le même terrain des arbres et des légumes, mais les deux récoltes se nuisent réciproquement : les arbres, en effet, portent de l'ombre aux légumes ; d'autre part, en travaillant la terre pour les semailles on détériore les racines et les arrosages répétés leur sont extrêmement pernicieux.

Nous excluons les légumes du carré réservé exclusivement aux arbres. Parmi ces derniers, il y a un choix à faire et nous reléguons au verger tous les arbres à haute tige qui prennent trop de place. Les autres subiront chaque année, à l'été et en hiver, la *taille* qui permet de les rapprocher et par conséquent d'en placer un plus grand nombre sur une même superficie.

La destination du jardin fruitier varie suivant qu'il appartient à un propriétaire ou à un spéculateur. Au propriétaire, il doit fournir, chaque mois de l'année, le plus de meilleurs fruits possible ; au spéculateur le plus de fruits ayant de la valeur sur le marché.

Pour ce jardin, les frais sont de beaucoup supérieurs à ceux que nécessite le verger ; il faut défoncer le sol, le fumer, construire des murs, préparer des supports, acheter et planter les arbres. (Dans les plantations serrées on peut mettre deux arbres par mètre carré.) On doit ensuite entretenir la fumure et tailler. Mais les produits sont, ici encore, en rapport avec la dépense occasionnée et au lieu d'attendre 20 ans, on a le produit maximum de l'arbre en 6 ans. La taille donne des fruits plus beaux et fait disparaître l'intermittence de production.

Examinons maintenant les règles auxquelles doit être soumise la création d'un jardin fruitier. Le spéculateur ne peut dans notre région cultiver que la poire ou la pomme. Partout il doit s'établir en un lieu où les débouchés soient faciles. Il prendra en sérieuse considération la nature du sol, évitant également les terrains argileux, trop froids, ou calcaires, trop chauds : la végétation y est languissante, les fruits sont mauvais, les arbres meurent bientôt. Quant à l'exposition, les pentes vers le Nord sont nuisibles, au Couchant on a à redouter la violence des vents et des pluies, mais l'Est, le Sud-Est et le Sud peuvent être choisis, surtout sur le versant d'une colline, car la hauteur est sujette aux coups de vents et la vallée où coule un ruisseau aux brouillards.

L'arboriculture a fait de grands progrès depuis quelques années et l'on obtient aujourd'hui, sur un moindre espace, des fruits plus nombreux et meilleurs qu'autrefois. Le spéculateur aura soin de ne pas cultiver plus d'un hectare, afin de pouvoir tailler lui-même, sans cela il lui faudrait avoir recours à des ouvriers qui intelligents seraient payés très-chers ou maladroits détérioreraient les arbres et compromettraient les récoltes. Dans l'un et l'autre cas, il perdrait son bénéfice.

Le jardin sera entouré de murs et aura, de préférence, la forme d'un rectangle dont la longueur sera dirigée du Nord au Sud. Nous aurons ainsi des expositions au couchant, pour les fruits à pépins ; au Levant, pour tous les arbres fruitiers; au Nord, pour les groseillers et framboisiers ; enfin au Midi pour les cerisiers qui tirent leur mérite de leur précocité et qui, par conséquent, ont besoin de chaleur.

Le territoire français peut se diviser en trois zônes :

1° Le Midi ou zône de l'olivier. Les murs y sont nuisibles pour la production mais très-utiles comme clôture, car le maraudage s'y pratique sur une assez grande échelle.

2º Dans la région moyenne ou zône des vignobles on emploiera indifféremment les arbres en espalier et en plein vent.

3º Chez nous, au Nord, on ne peut obtenir de production continue qu'à l'aide d'espalier, on devra donc multiplier les murs *blanchis*, dont la hauteur sera de 2 mètres 50 à 4 mètres.

On a conseillé les chaperons saillants de 0 m 40 et 0 m 50, mais arrive la fin de mai, les arbres sont soustraits aux rosées, aux pluies fraîches et les insectes viennent en masse. Il vaut mieux se servir de chaperons fixes à saillie horizontale de 0 m 10 ; nous verrons plus loin à quelle époque on mettra des chaperons mobiles.

Les murs seront construits suivant la nature des matériaux dont on pourra disposer, mais le mode le meilleur et le moins coûteux est celui qui consiste à élever des murs de terre épais de 0 m 35.

Le palissage se fait à la loque ou sur treillage. Dans le premier système, on emploie de petites loques longues de 0 m 06 et 0 m 08, large de 0, 02. On enveloppe le rameau, on perce les extrémités de la loque avec un clou forgé à pointe un peu obtuse et on l'enfonce à moitié dans le mur. Si on ne peut employer ce mode qui est le meilleur, on aura recours au palissage sur treillage en bois ou plutôt en fil de fer qui est deux fois moins coûteux et dure plus longtemps que le bois.

Il nous reste à distribuer le jardin. Devant les espaliers nous laisserons une plate-bande large d'au moins 1 m 50 et uniquement réservée à l'arbre. En avant, nous ménagerons un chemin de 2 mètres. Nous diviserons alors le jardin en quatre carrés où nous multiplierons les murs de refend placés à 8 mètres les uns des autres pour qu'ils ne se portent point d'ombre et si l'on veut des légumes on leur destinera un emplacement spécial.

DEUXIÈME LEÇON

CRÉATION D'UN JARDIN FRUITIER (suite).
CHOIX DES ESPÈCES ET VARIÉTÉS D'ARBRES.
PLANTATION.

La préparation du sol est une opération très-importante, le terrain contient souvent une surabondance d'humidité qui est une cause d'insuccès, et, à moins de renoncer à la culture qui nous occupe, on doit l'assainir. Le *drainage*, pratiqué depuis des siècles, a pris dans ces dernières années une extension considérable. On a dit, avec raison, que les racines de certains arbres arrivant à la profondeur où sont les tuyaux s'y introduisent et forment dans les conduits en terre cuite des *queues de renard* qui les obstruent, mais les racines des arbres fruitiers ne sont pas assez longues pour cela, surtout si on a soin de mettre le drain sous le chemin compris entre les plates-bandes. On a prétendu également que les eaux déposent dans les conduits des matières organiques et les empêchent de fonctionner. Ce n'est qu'un fait très-rare dont on ne peut tirer un argument général contre le moyen que nous proposons.

Quelques personnes ont cru trouver un mode d'assainissement meilleur en creusant, aux endroits indiqués pour la plantation, un trou où elles tassaient fortement des cailloux pour arrêter les racines ; mais il arrivait que le fonds du trou étant à la surface de la couche de terre imperméable à l'eau, celle-ci humidifiait les cailloux et les racines pourrissaient ; ou, ce qui est pis encore, le fonds de ce trou étant dans la couche imperméable les arbres prenaient, pour ainsi dire, un bain de pied continuel et ne tardaient pas à mourir.

Que le terrain doive, ou non, être drainé, il faut le défoncer afin que les racines puissent pénétrer à une certaine profondeur et avoir un peu d'humidité tout en rencontrant l'air atmosphérique. Pour notre région du Nord on doit défoncer au moins de 1 mètre à 1 mètre 30 et il n'y a nul inconvénient à dépasser cette limite minima.

Comment défoncerons-nous? Pour cela supposons une plate bande de 1 mètre 50. On vide d'abord le chemin en enlevant la couche superficielle à 0 m. 15 cent. environ de profondeur et on rejette cette terre sur la plate-bande d'espalier près de l'endroit où est commencée une tranchée longue d'un mètre et plus. L'ouvrier entame successivement des tranches, les mélange et les jette à la partie opposée de la tranchée jusqu'à qu'il ait remué le tout ; il achevera de combler l'espace resté vide avec la partie enlevée dès le début. Dans l'intérieur d'un carré à arbres fruitiers on défoncera non seulement les plate-bandes mais encore les chemins de séparation; la besogne ira aussi vite et les racines, arrivant dans quelques années au chemin le traverseront sans difficulté.

Ce travail est rigoureusement indispensable. Si à partir de 0,35 cent. de profondeur on rencontre des marnes graviers ou rochers on devra se procurer une quantité de terre suffisante pour atteindre l'épaisseur nécessaire d'un mètre, sinon les plantations périraient vers la sixième année, et l'on fera subir à tout l'ensemble l'opération que nous venons d'indiquer en ayant toujours soin de bien mélanger les diverses couches de terre et de surélever les plates-bandes de 0,10 cent. au-dessus du niveau des allées.

Pour ces travaux on choisira l'époque de l'année où la terre est friable, c'est-à-dire le courant de l'été.

En même temps que le défoncement, s'accomplit la fumure du sol à la surface duquel on aura répandu, avant toute autre opération, des engrais froids à décomposition lente, tels que les os concassés et non broyés, les chiffons de laine, les cornes provenant des ateliers de maréchaux, etc...

Si on tentait de mélanger les engrais à la terre après défoncement, la presque totalité de la partie utile aux racines resterait au-dessus et serait perdue.

Pour attendre l'effet de la décomposition lente on peut mettre un peu de fumier ordinaire qui se décompose rapidement.

Si on ne veut planter qu'un nombre restreint d'arbres, on préparera pour chacun d'eux le terrain sur un espace de quatre mètres carrés ; enfin, si on remplace un arbre ayant produit pendant de longues années il est urgent d'enlever au moins 0,50 cent. de terre sur une étendue de quatre mètres carrés et de lui substituer une terre nouvelle, bien fumée, que l'on mélangera en défonçant comme plus haut.

Le choix des arbres est aussi très-important. Le propriétaire aura soin de les prendre tels que les époques de maturité de leurs fruits se succédant sans cesse, on en ait de bons tous les mois de l'année ; et comme les fruits d'hiver sont plus recherchés que ceux d'été, on leur fera une plus large part.

Pour se procurer les arbres on peut les acheter greffés ou créer une pépinière. Ces deux moyens ont leurs avantages et leurs inconvénients.

Dans le premier cas, on obtient les fruits deux ans plus
tôt ; mais lors du greffage, chez l'industriel, il se commet
souvent des erreurs, plus encore lors des livraisons et si le
poirier a été arraché, non déplanté, il reste deux ou trois ans
chétif et souffreteux. A moins donc de connaître un pépiniériste qui justifie une entière confiance, ce qui n'est pas
commun, il vaut mieux faire une pépinière. Mais ici, on a le
double inconvénient d'attendre plus longtemps l'obtention
du produit maximum et la difficulté de se procurer les
greffes. Aussi est-on généralement obligé d'acheter les arbres tout greffés ; on n'ira pas les chercher sur le marché,
mais dans une pépinière voisine du lieu de plantation ayant
un sol peu riche, ces deux conditions aidant beaucoup la
reprise.

On ne prendra pas de greffes âgées de plus d'un an ; il
en résultera que l'arbre étant plus jeune, les racines sont
moins grandes et, souffrent moins de la déplantation. En
outre, on donnera plus facilement à la charpente la forme
que l'on désire lui voir suivre sans être obligé de recéper à
la base.

Si toutefois on n'est que locataire d'un terrain et qu'on en
veuille jouir le plus tôt possible, on achètera des arbres de
quatre, cinq et même six ans ; mais il faudra bien les
soigner.

L'époque normale de plantation est comprise entre la
chute des feuilles et le mois de mars, c'est de préférence la
fin d'octobre, le commencement de novembre. En effet,
depuis ce temps jusqu'en février, il poussera deux nouvelles
racines et l'arbre, prenant possession du sol, se défendra
mieux contre les sécheresses du printemps. Cependant on
ne plantera pas avant le mois de mars dans les terrains
argileux et humides.

Une fois l'arbre déplanté on l'habille : on remplace par

une section nette la plaie déchirée faite aux racines en dé-
plantant : elle se cicatrisera mieux. En outre, pour que
l'arbre s'empare du sol il lui faut de nouvelles racines dont
les feuilles sont les organes générateurs et pour que celles-ci
soient plus vigoureuses on raccourcira la tige.

Avant la mise en terre, on fera apporter, sur le lieu
même, un baquet plein d'eau, de terre argileuse, de bouze
de vache, etc., on trempera les pieds des arbres dans cette
bouillie épaisse, et on saupoudrera de cendres de bois non
lessivées.

Ceci accompli, on procèdera à la plantation qui doit être
effectuée de telle sorte que les racines reçoivent l'air atmosphérique tout en échappant à l'influence de la sécheresse.
Le collet de la racine devra, dans les terrains secs, être en-
terré à 0 m. 08 c. et dans les terrains argileux au niveau du
sol ; il y a d'ailleurs moins d'inconvénients à planter peu
profondément que trop.

On n'oubliera pas non plus, que le nœud de la greffe
doit être à 0 m. 01 c. du sol, sans quoi l'arbre s'*affranchirait*
de son sujet, vivant de ses propres racines et non de celles
du cognassier ; et cette circonstance, comme la suivante,
fera modifier le degré de profondeur de plantation.

La naissance des racines au-dessous du collet, dans les
arbres greffés sur amandier ou Ste-Lucie, doit être visible,
c'est-à-dire que ce collet s'élèvera de 0 m. 05 c. environ
au-dessus du sol, sans quoi, le *blanc des racines* se déve-
loppant, l'arbre ne tarderait pas à mourir.

Le trou creusé, l'arbre y sera posé délicatement et ne devra
pas y être gêné ; on le recouvrira avec soin. Pour faciliter
sa reprise et le soustraire à l'action desséchante de l'air on
le badigeonnera, en mars, d'une épaisse bouillie de chaux
éteinte et de terre argileuse.

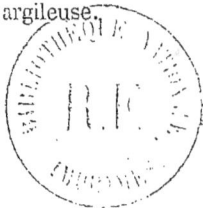

2

TROISIÈME LEÇON

PRINCIPES GÉNÉRAUX DE LA TAILLE.

La taille, faite convenablement, donne les meilleurs résultats. Elle permet, en effet, d'imposer aux arbres une forme en rapport à la place qu'ils doivent occuper, maintient les branches principales entièrement garnies de rameaux à fruits, rend la fructification plus égale et occasionne une production de fruits supérieurs en volume et en qualité.

Quoique la taille amène la mort plus rapide des arbres, il y a intérêt à la pratiquer. Supposons un arbre de verger, sa durée sera de 70 ans, il ne donnera son produit maximum qu'au bout de 25 ou 30 ans, et, les intempéries du temps influant considérablement, nous n'aurons de produit maximum que pendant 20 ans. Si, au contraire, on plante la même surface d'arbres soumis à la taille, ces derniers ne vivront que 40 ans, mais on obtiendra le produit maximum dès la sixième année et, comme il n'y a plus d'irrégularité dans la production, on en jouira 34 ans ; en outre les fruits seront plus beaux et meilleurs.

Des instruments employés pour la taille, on préfère avec

raison la *serpette*, trop connue pour que nous ayons à la décrire ici.

Le *sécateur*, qui est moins dangereux pour l'opérateur, ne fait jamais, quelque bon qu'il soit, une section aussi nette. Enfin, quand on a affaire à de grosses branches, on se sert de la *scie à main*, en ayant soin d'employer ensuite la serpette pour avoir une section nette et non une plaie contuse.

Il faut couper le plus près possible du bouton sans nuire à son évolution ; si on opère avec la serpette, on la place à la hauteur du point d'attache de ce bouton mais du côté opposé et on fait une section oblique arrivant à son extrémité. Ceci ne s'applique pas à la vigne que l'on taille le plus loin possible du bouton à conserver.

Le diamètre de la plaie ne doit jamais être plus grand, quand on supprime une branche, que le diamètre de celle-ci. Chaque fois qu'il a 0 m. 02 c. et plus, on recouvre la plaie de mastic résineux au bout de deux ou trois jours.

Principes généraux de la taille : La charpente d'un arbre doit être parfaitement symétrique, la durée de cet arbre dépendant de l'égale répartition de la sève.

Soit un arbre en espalier (forme éventail, par ex.) dont l'équilibre est rompu ; un des côtés est beaucoup moins vigoureux que l'autre. A la taille d'hiver, coupez très court le côté fort, long ou pas du tout le côté faible. On diminue ainsi au premier le nombre des feuilles qui attirent la sève et celle-ci affluera au côté faible ; si cela ne suffit pas, redressez verticalement la partie peu vigoureuse et couchez l'autre horizontalement. Ebourgeonnez ce côté très tôt et près, tandis que vous n'ébourgeonnerez que tard le côté faible que vous pincerez très long, quand le moment sera venu, l'autre côté étant pincé à 0m10 0m15 c. Si l'année est fertile, laissez au côté fort tous ses fruits, abattez tous ceux du côté faible. Appliquez sur les feuilles de celui-ci, après le coucher du soleil, une dissolution d'un gramme et demi de sulfate de fer par litre d'eau. Eloignez du mur le côté faible de l'arbre et maintenez y le côté fort, couvrez ce dernier de façon à le priver de lumière, enfin, plantez au-dessous d'une branche inférieure trop faible un jeune sauvageon dont vous grefferez par approche le sommet, quand il est bien repris, à la branche faible.

Ces moyens ont le même but, rétablir l'équilibre entre toutes les branches en fortifiant la partie faible ; on les emploiera dans l'ordre où nous les indiquons jusqu'à ce que l'on ait atteint le résultat désiré.

La sève fait développer des bourgeons plus vigoureux sur les rameaux taillés court que sur les rameaux taillés long. Si donc on veut mettre l'arbre à fruit il faut tailler long, et court pour avoir du bois.

La sève tend toujours à faire développer plus vigoureusement les boutons plus rapprochés de l'extrémité. Pour obtenir un prolongement de branche on choisira un bouton à bois vigoureux et on taillera immédiatement au-dessus.

Plus la sève est gênée dans sa circulation plus elle fait développer de boutons à fleurs. Tout ce qui peut entraver sa marche est donc utile à la fructification. On peut hâter la mise à fruits à l'aide des procédés suivants : tailler très-long le prolongement des branches de charpente ; s'il naît des bourgeons sur les prolongements successifs de la charpente, les pincer et les tordre ; appliquer, en outre, le cassement complet ou partiel aux rameaux qui en résultent. Pratiquer la taille d'hiver très tard, les bourgeons ayant déjà 0 m. 04 c. de long. Greffer sur les branches de charpente (des arbres à fruits à pépin seulement) des rameaux à fruits ; soumettre toutes les branches de charpente à l'arqûre de manière à en diriger l'extrémité vers le sol. En février, pratiquer vers la base de la tige une entaille annulaire n'ayant pas plus de

0 m. 06 de largeur et assez de profondeur pour entamer la couche de bois extérieure. Déchausser au printemps le pied de l'arbre et laisser tout l'été les racines principales à nu sur une grande étendue de leur longueur. On peut aussi, mais rarement, employer le moyen énergique qui consiste à couper les racines de l'arbre au printemps. Enfin on peut déplanter et replanter, avec le plus grand soin, les arbres en leur conservant leurs racines. L'époque à choisir pour cette opération, qui donne les mêmes résultats que les précédentes, est la fin de l'automne.

Tout ce qui tend à diminuer la vigueur des bourgeons est au profit de l'accroissement du volume des fruits.

Il faut par conséquent lors de la taille d'hiver ne laisser que les productions absolument nécessaires ; faire en sorte que les fruits soient attachés le plus près possible de la branche de charpente, supprimer, aux opérations d'été, tout ce qui n'est pas indispensable, enfin ne laisser sur chaque arbre que la quantité de fruits qu'il peut nourrir utilement.

Pour avoir des fruits énormes on peut, exceptionnellement, pratiquer l'incision annulaire, maintenir les poires le pédoncule en bas, les mouiller le soir de dissolution de sulfate de fer dès qu'elles ont atteint le quart de leur grosseur, répéter l'opération tous les quinze jours et cesser un mois avant la maturité ; malheureusement on perd en qualité ce qu'on gagne en volume.

Les feuilles préparant la sève des racines pour la nourriture de l'arbre et concourant à la formation des boutons sur les rameaux, on ne doit en supprimer que la quantité rigoureusement indispensable.

Enfin le prolongement annuel de la charpente doit être d'autant moins raccourci que la branche est plus éloignée de la verticale. Il faut couper le rameau vertical à moitié, au tiers s'il est incliné suivant l'angle de 45° et le laisser entier s'il est horizontal.

La taille d'hiver se fait au repos de la végétation. Si on la pratique en novembre et décembre, il y a lieu de craindre que les plaies, atteintes par les gelées, n'amènent la mortalité d'une partie des branches ; si on taille durant les gelées, c'est pis encore ; si on attend l'apparition des fleurs on appauvrit l'arbre ; il faut donc choisir le mois de février. Toutefois, si on avait beaucoup d'arbres à tailler on ne s'occuperait à cette époque que des rameaux de prolongement et on commencerait la taille des rameaux à fruits à la chûte des feuilles.

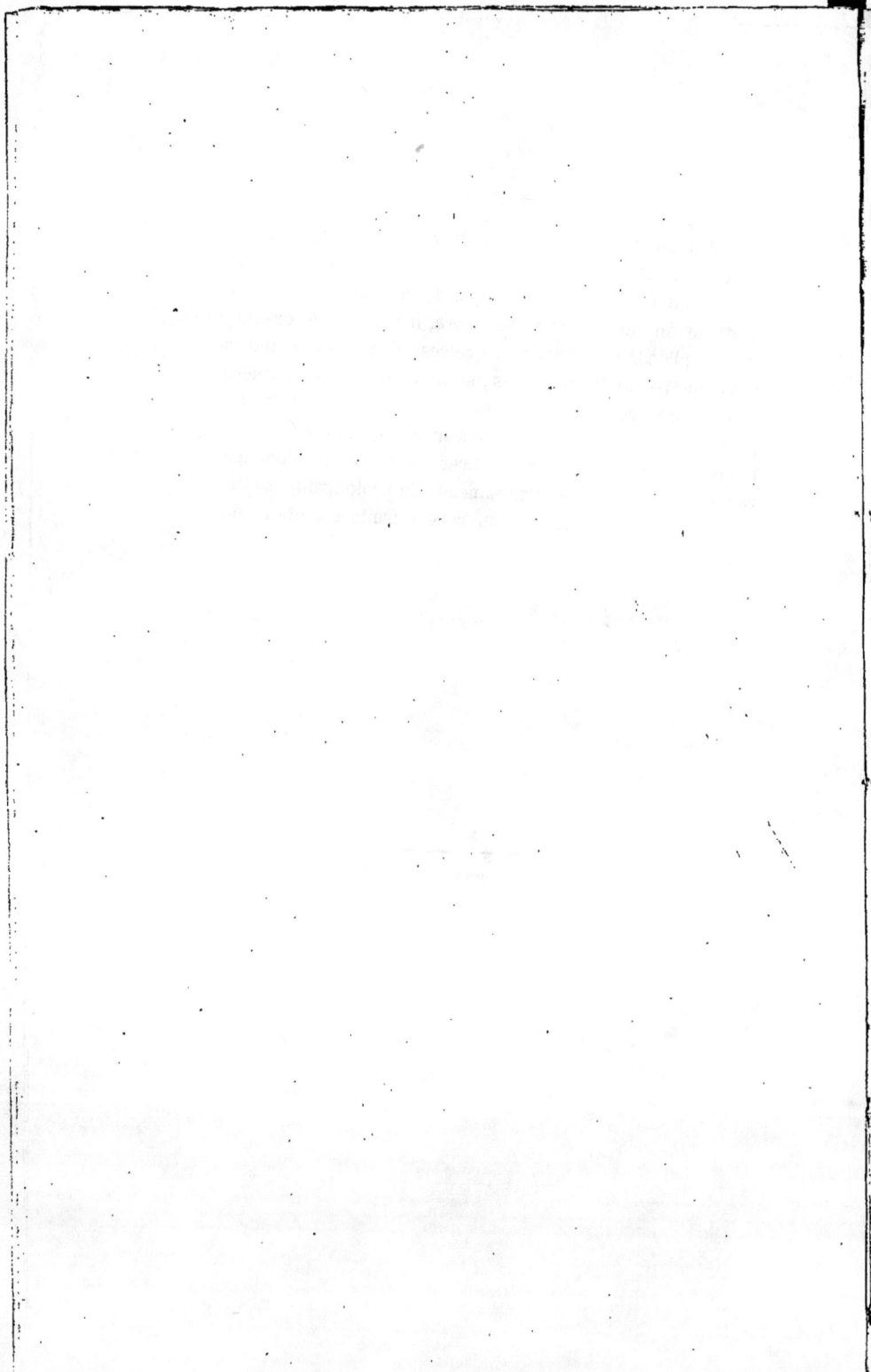

QUATRIÈME LEÇON

CULTURE SPÉCIALE DU POIRIER. — CHOIX DES VARIÉTÉS.
MULTIPLICATION.

Les poiriers cultivés ont pour type le poirier sauvage que l'on trouve partout. C'est l'espèce la plus importante de nos arbres fruitiers ; elle est très hygiénique, a formé un grand nombre de variétés, procure des fruits facilement transportables et peut être plantée dans un grand nombre d'endroits, mais principalement dans les terrains calcaires et les argiles compactes et dans le climat de l'Anjou.

Sur les 3,000 variétés de poires connues, douze ou quinze sont très bonnes. Le but que l'on doit se proposer est d'avoir, pour chaque mois de l'année, les principales variétés. Nous donnons pour cela un tableau où on rencontrera sinon toutes les bonnes poires, au moins les meilleures.

NOMS DES VARIÉTÉS.	ÉPOQUE de la maturité.	POSITION		EXPOSITION des murs				OBSERVATIONS
		pl. vent	espalier	Est.	Ouest.	Sud.	Nord.	
Doyenné de juillet. . . .	juin et j⁽ᵗ⁾	pl. vent						
Beurré Giffart. · · · · · ·	fin juillet	id.						
Epargne	j⁽ᵗ⁾, août	id.	espalier	E.	O.			greffer sur franc.
Beurré d'Amanlis	août, sept	id.						
Bon Chrétien William . .	id.	id.						greffer sur franc.
Professeur Du Breuil . . .	septemb.	id.	id.	—	—			
Seigneur Esperen. . · . . .	sept. oct.	id.						greffer sur franc.
Doyenné doré.	id.	id.						Terrain sec.
Louise bonne d'Avranches	id.	id.	id.	—	—			
Beurré gris.	octobre		id.	—			N.	greffer sur franc.
Beurré Caplaumont	oct. nov.	id.	id.	—	—			id.
Duchesse d'Angoulême . .	id.	id.	id.	—	—			terrain sec.
Bon Chrétien Napoléon.	id.	id.	id.	—	—			greffer sur franc
Van Mons de Léon Leclerc	novembre	id.	id.	—	—			id.
Beurré Diel	nov. déc.	id.	id.	—	—		—	
Délices d'Hardempont. . .	id.	id.	id.	—	—			terrain sec.
Bergamote Crassane	id.		id.	—	—	S.		
Passe Colmar	déc. à fér		id.					
Beurré d'Hardempont. . .	id.	id.	id.	—	—			
Bergamote de la Pentecôte	j⁽ᵉʳ⁾ à mars	id.	id.	—	—	—	—	greffer sur franc.
Beurré de Rans.	fér, mars		id.	—	—	—		terrain sec
Doyenné d'Alençon . . .	id.	id.	id.	—	—	—		

Toutes ces variétés indiquent les poires à couteau, les principales poires à cuire sont le *Messire Jean*, le *Catillac*, le *Martin sec* et la *belle Angevine*; mais elles ont perdu beaucoup de leur importance, car on a d'excellents fruits crus fondants qui sont délicieux après la cuisson.

Le mode de culture préférable dans notre pays est celui en espalier.

On multiplie les variétés à l'aide de la greffe que l'on exécute :

1º Sur le poirier franc obtenu du semis d'un pépin quelconque ;

2' Sur cognassier ;

3º Sur aubépine (En Bretagne seulement et pour quelques espèces.)

Le poirier franc imprime au greffon une vigueur énorme, une longue durée et retarde la mise à fruit, il procure une récolte moins belle et moins bonne.

Sur cognassier, l'arbre est moins vigoureux, la fructification plus rapide, plus belle et meilleure.

On greffe en fente, en couronne et en écusson.

Greffe en fente simple. Elle se fait vers le milieu de mars. On donne au greffon, muni d'un bouton à son sommet, une longueur d'environ 0m10 à 0m15. On coupe, en section nette, la tête du sujet et on pratique avec la serpette une section verticale de 0m06. On introduit alors le greffon dans la fente en l'inclinant légèrement par le haut afin que la base faisant saillie les écorces intérieures du greffon et du sujet soient en contact sur un point de leur étendue mise à nu. On ligature le tout et on recouvre les plaies de mastic à greffer.

La greffe en fente double ne diffère de la précédente qu'en ce qu'on place deux greffons au lieu d'un ; après la reprise on supprime le moins vigoureux.

Dans la *greffe en fente Bertemboise* on coupe la tête du sujet en biseau, ne réservant qu'une petite surface horizontale au sommet où l'on place le greffon. Le reste s'effectue comme ci-dessus.

Enfin la *greffe en fente anglaise* est très-solide, exécutée sur les jeunes arbres. On coupe la tige en biseau allongé et on fait une fente verticale vers le tiers supérieur de la longueur du biseau, on taille également le greffon en biseau avec une fente verticale à son tiers inférieur, on l'applique sur le sujet et, les plaies étant parfaitement recouvertes, les écorces ne tardent point à se joindre.

La *greffe en couronne*, où on ne fend que l'écorce, était connue des Grecs et des Romains. Elle a été perfectionnée par M. Du Breuil et se pratique ainsi que suit :

La tête du sujet doit être coupée obliquement et l'écorce fendue verticalement un peu à gauche du sommet du biseau. La base du greffon sera taillée en bec de flûte avec réserve d'une dent à la naissance de l'entaille et on coupera sur le côté gauche du bec de flûte une petite lanière d'écorce ; on introduira le greffon entre le bois et l'écorce de façon à ce que la dent s'agrafe sur le biseau et que le bec de flûte glisse contre l'écorce non soulevée du côté gauche.

Quand on veut placer des rameaux à fruits sur des branches on a recours à la *greffe de côté Girardin ;* pour cela on coupe à la fin d'août des rameaux portant des boutons à fruits pour le printemps suivant et on les taille de façon à en introduire le biseau entre le bois de l'arbre et son écorce incisée en T, on ligature et on mastique.

Pour pratiquer la *greffe en écusson*, on détache de l'arbre un bourgeon offrant à la base des feuilles des yeux ou des boutons et on ne laisse à la queue qu'une longueur de 0m 01; on fait sur l'arbre une incision en T, puis on sépare l'écusson du bourgeon de façon à n'enlever que l'écorce et l'amas de tissus verdâtres qui se trouve au-dessous du bouton; on glisse alors l'écusson entre l'écorce et le bois, on rapproche les lèvres de l'écorce et on ligature, en ayant soin d'éviter les étranglements. Si au printemps l'écusson a repris, on coupe la branche à 0m 08 au-dessus. On peut placer ainsi un grand nombre de greffons sur un même arbre.

CINQUIÈME LEÇON

La première question à examiner est celle de la forme que l'on donnera au poirier. Il s'agit, non pas pas de le torturer d'une façon plus ou moins bizarre, mais d'en obtenir le plus de fruits possible. On cultive les arbres en plein vent et en espalier ; dans ce dernier cas, on emploie les grandes formes et les petites formes ou cordons.

Toutes les grandes formes sont mauvaises, mais plus les unes que les autres. Le *palmette Legendre* se compose d'une tige verticale ayant à droite et à gauche des branches horizontales ; on l'a modifiée en obliquant les branches de bas en haut et en établissant une double tige. La moins détestable est la *palmette Verrier ;* l'arbre se compose alors d'une tige verticale donnant naissance à des branches latérales qui sont d'abord horizontales et se relèvent ensuite verticalement.

L'équilibre de la végétation s'y établit presque de lui-même, les branches latérales étant d'autant plus longues qu'elles sont plus rapprochées de la base.

Avant de planter les arbres, on décide la distance que l'on laissera entre chacun d'eux. Elle variera suivant la hauteur des murs, chaque arbre devant occuper une surface de 15 à 20 mètres carrés.

La plantation faite en novembre, taillera-t-on en février? Ce serait supprimer des feuilles qui aideraient au développement des racines et on n'obtiendrait que des bourgeons chétifs et malaingres. Il sera préférable d'attendre la reprise du poirier.

Le premier étage des branches dans la *palmette Verrier* naît à 0m 30 au-dessus du sol. On laissera à cette hauteur deux boutons pour les branches latérales et un pour le prolongement de la tige; on taillera au-dessus. Plus tard, s'il pousse entre ces points et le sol des bourgeons on attendra qu'ils aient 0m 15 et on les supprimera tous moins trois dont deux latéraux.

Pour avoir le second étage de branches, nous taillerons la tige à 0m 15 du premier et le tiers supérieur des rameaux latéraux et nous attendrons une nouvelle année.

A partir de l'année suivante, on fait croître tous les ans un étage de branches. Si à l'endroit où nous voulons un bouton il ne s'en trouve pas, on en écussonne un. Lorsqu'un bouton ne se développe pas, on pratique au-dessus de son point d'attache, avec une scie à main, une entaille entamant la couche ligneuse et présentant la forme d'un chevron.

Si on a affaire à deux branches, l'une vigoureuse, l'autre très-faible, on ne taille que la première et on fait au-dessous de son point d'attache une entaille en chevron. On pratique la même entaille au-dessus du point d'attache de la seconde. On peut faire naître les branches parfaitement en regard l'une de l'autre, par le procédé de M. Leclerc, de Chartres:

Dans le courant de juin on examine le bourgeon de prolongement, si à 0m 30 du dernier étage les feuilles dont on a besoin n'existent pas, on taille au-dessus de la feuille précédant le point où on en veut une, puis on entame le tiers du diamètre du bourgeon jusqu'à ce point et avec un coin en bois, on empêche la plaie de se rapprocher. On peut procéder de même à la taille d'hiver, et on réussit toujours.

Il est aussi très-facile de faire développer une branche de charpente là où il n'y a pas de germe de bouton.

S'il existe au-dessous un rameau vigoureux, on le greffe par approche à l'endroit voulu, on pratique une entaille en chevron au-dessus et l'année suivante, seulement, on coupe la partie inférieure, devenue inutile, de ce rameau. S'il n'existe pas, on en prend un sur un arbre, on le taille en biseau et on le greffe au poirier. Ici encore l'entaille en chevron est nécessaire.

Palissage d'hiver. — Il est très-important, quelle que soit la forme de la charpente, que les branches soient d'une rectitude parfaite : pour cela, après la taille, on a de petites baguettes en bois de pin de 0^m 01 cent. carré, longues de 0^m50 que l'on place près des branches de charpentes, on y lie ces dernières et on obtient la ligne droite désirée.

Quand il s'agit de branches obliques symétriques, avoir soin qu'elles soient toutes également inclinées ; ne jamais placer horizontalement, du premier coup, celles qui doivent occuper cette position, mais les abaisser d'une manière successive.

Pour palisser, il faut un treillage en fils de fer galvanisé, n° 14, placés horizontalement, supportés de mètre en mètre et bien tendus à l'aide d'un roidisseur.

Nous avons dit que toutes les grandes formes présentent de graves inconvénients. C'est ainsi que la palmette Verrier ne donne son produit maximum qu'au moins quinze ans après la plantation. M. Du Breuil a cherché les moyens à l'aide desquels on remédierait au mal. Il est arrivé à une mise à fruits plus prompte et plus grande en même temps qu'à une diminution de l'étendue de charpente des arbres par les cultures des *cordons* verticaux, ondulés ou obliques.

Pour obtenir ces derniers on plante les arbres à 0 m 40 l'un de l'autre ; chacun d'eux, formé d'une tige ne portant que des rameaux à fruits, est couché suivant l'angle de 60° d'abord, pour ne pas gêner la circulation de la sève, puis définitivement suivant l'angle de 45°. On peut, pour ne pas perdre d'espace sur le mur, remplir le vide laissé, par deux arbres aux branches inclinées et convenablement disposées. Le premier est placé suivant l'angle de 45°. On laisse pousser verticalement à la base un gourmand que l'on incline de même et ainsi de suite tous les ans. Le second est amené en trois ou quatre ans à la position horizontale, on laisse développer au-dessus seulement des branches que l'on incline parallèlement aux autres.

Il est bon de grouper ensemble les espèces semblables, sans quoi les arbres se nuiraient les uns aux autres.

Supposons deux surfaces de mur égales occupées l'une par une palmette verrier, l'autre par un cordon oblique. La première fera attendre quinze ans le produit maximum que le second, d'une formation plus simple, nous donnera la sixième année ; avec les cordons nous pourrons mettre une plus grande quantité d'arbres et quand l'un d'eux viendra à disparaître sa perte sera moins sensible et plus vite réparée que celle d'une palmette. La dépense de création est plus grande, mais que d'avantages ne procure-t-elle pas !

Le seul inconvénient sérieux est la naissance de gourmands à la base. Si on a des murs de 4 mètres de haut, le mieux est de planter les *cordons verticaux*. Les arbres sont distants de 0 m 30 ; chaque année on coupe la moitié de la longueur totale des jeunes pousses. Si les murs n'ont que trois mètres, on *ondule* les cordons que l'on espace alors à

0 ^m 50. Pour cela, on plante, comme toujours, une greffe d'un an, on la laisse pousser verticalement, puis on donne à la tige une direction courbe, et on laisse développer un bourgeon vertical que l'année suivante on infléchit en sens inverse et ainsi de suite tous les ans, sans avoir à tailler. Il est indispensable pour bien réussir que les courbes soient parfaitement régulières.

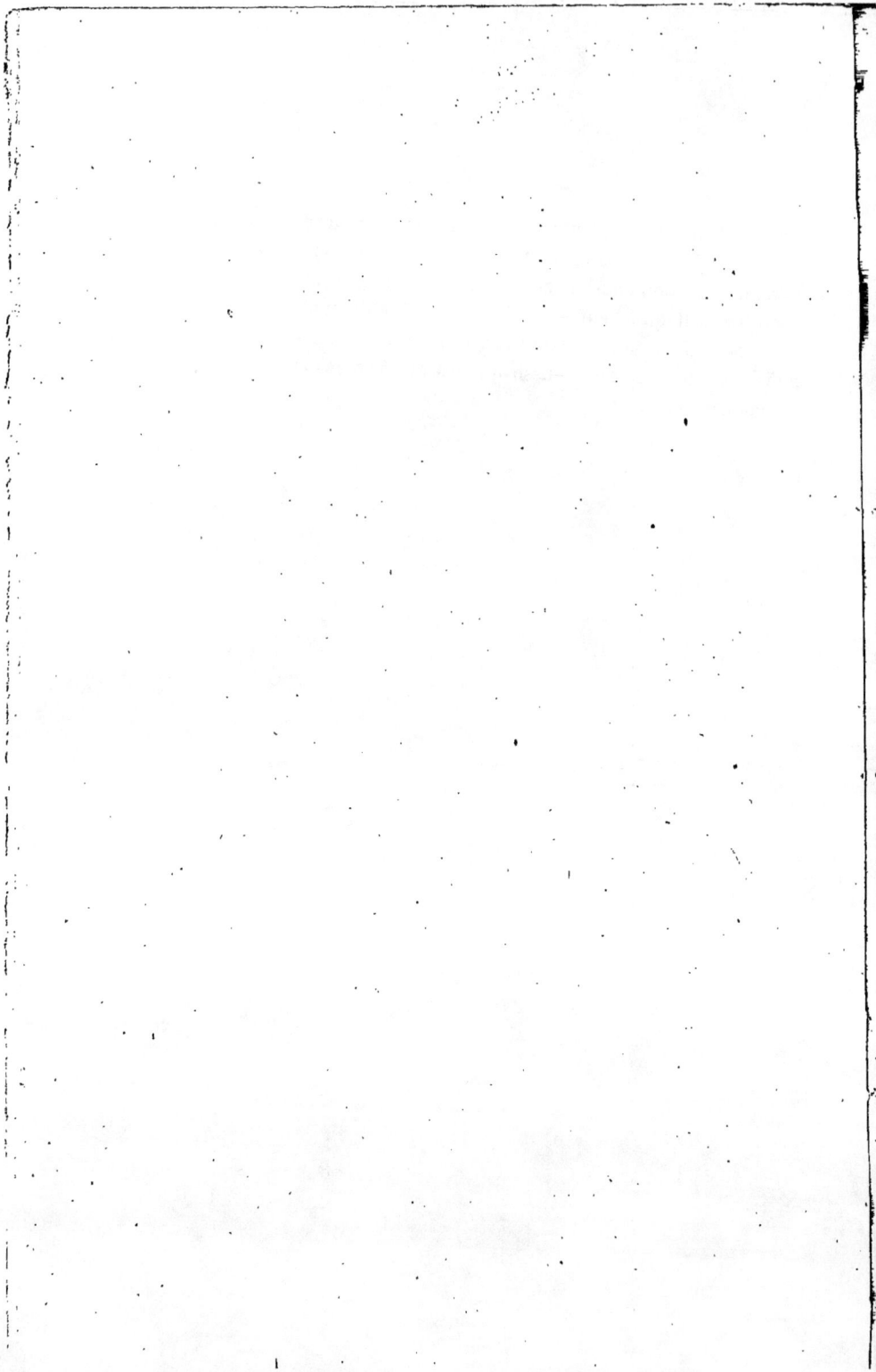

SIXIÈME LEÇON

CULTURE SPÉCIALE DU POIRIER (suite).

TAILLE DE LA CHARPENTE DES ARBRES EN PLEIN AIR.

Les arbres en plein vent sont cultivés en grandes formes et en cordons.

Depuis un siècle, la *quenouille* est une des grandes formes les plus usitées. Elle se compose d'une tige verticale garnie de branches de la base au sommet, le diamètre le plus considérable de ses productions étant au milieu de la hauteur totale. Malheureusement cette forme ne peut avoir de durée et finit par donner un arbre de haut vent.

Il y a aussi la forme en *cône* improprement appelée *pyramide*. Les arbres soumis à cette disposition ont une tige verticale garnie de branches depuis 0 m 30 du sol jusqu'au sommet et d'autant plus grandes qu'elles sont plus près de terre. Entre chaque branche d'un même plan il doit y avoir 0 m 50 d'intervalle mesurés perpendiculairement d'une branche à l'autre; elles sont inclinées sur la tige d'un angle de 40° environ. Le diamètre de la base doit être égal au tiers de la hauteur de la tige. Ces arbres mettent dix ans à se former et quatorze à fournir leur produit maximum, exigent beaucoup de place, portent de l'ombrage au loin et ne prennent pas facilement la forme que l'on veut leur donner ; ils exigent en outre beaucoup de peine et de temps pour la taille, ne peuvent être abrités d'une façon pratique et ne dédommagent pas des soins qu'ils nécessitent par l'abondance de la récolte.

Tous ces défauts ont fait abandonner le cône par un grand nombre de personnes et on a songé à le remplacer par l'arbre en *vase* ou *gobelet* qui a deux mètres de diamètre et autant de hauteur, l'intérieur est bien éclairé et le périmètre est formé de branches latérales naissant près de la base et croissant verticalement. Les branches devant croître à 0 ^{m} 30 l'une de l'autre, il y en aura vingt. Pour les obtenir on laissera pousser librement le premier été une tige d'un an, on recépera ensuite à 0 ^{m} 30, et on ne conservera, des bourgeons qui pousseront, que cinq également distants entre lesquels on maintiendra l'équilibre et placés autour d'un cerceau. On les taillera à 0 ^{m} 30, au dessus de deux boutons. L'année suivante on aura dix bourgeons et par conséquent dix rameaux, encore un an et on a les vingt rameaux que l'on place autour d'un cerceau de 2 mètres de diamètre et que l'on redressera ensuite, en les maintenant à l'aide de cerceaux semblables au précédent.

On a aussi recours au *gobelet à branches croisées* que l'on forme de la même manière en contournant, alternativement en sens inverse, les branches qui décrivent ainsi une spirale. Cette dernière forme est même préférable, car, par suite de la position inclinée des rameaux, on n'a pas à les tailler et il ne faut plus employer de cerceau.

Toutefois le cône, pour la même étendue de terrain occupée, donne une longueur totale de branches de charpente d'un tiers plus considérable.

L'arbre à *colonne* est-il meilleur ? Le décrire, c'est résoudre la question. Il se compose d'une tige verticale portant seulement des rameaux à fruits, et doit être planté à 0 m 60 ou 0 m 80 d'autres colonnes équidistantes. Il porte moins d'ombre que le gobelet et le cône, sa charpente est d'une extrême simplicité de formation, ses fruits sont plus beaux et plus fins, recevant plus directement l'action de la sève et du soleil ; mais on ne peut soumettre à cette forme que les essences poussant peu vigoureusement, les autres donnant naissance à de nombreux gourmands et ne se mettant à fruits qu'à une grande hauteur, environ quinze mètres.

En 1856, M. Du Breuil a résolu la question par l'emploi de contre-espaliers doubles en cordons verticaux : au centre d'une plate-bande on enterre, sur une brique à plat à une profondeur de 0m30, de six mètres en six mètres, des poteaux en bois de pin ou sapin injectés de sulfate de cuivre, longs de 3 mètres 50 et d'un diamètre de 0 mètre 14 cent. Pour donner de la solidité à la ligne de poteaux, on fixe en regard, dans le mur, un fil de fer galvanisé n° 18 touchant la tête de chacun d'eux et parfaitement tendu. De chaque côté du poteau, muni d'un treillage, on plante (1) une rangée d'arbres placés en quinconce qui sont sur la même ligne distants de 0m60 ; au treillage s'attache une latte en bois le long de laquelle on dresse le bourgon de prolongement jusqu'à ce que l'arbre ait trois ans. Ici surtout il faut avoir soin de ne planter que des arbres de même espèce.

Les lignes de ces contre-espaliers prendront, autant que possible, la direction du Sud au Nord pour que le soleil du Levant, du Midi et du Couchant les éclaire. Elles seront parallèles entre elles, distantes de trois mètres et pour empêcher les arbres de croître trop vigoureusement on bordera les plates-bandes de cordons de pommiers.

(1) A 0m30 l'une de l'autre.

Si le mur n'enferme pas complètement le jardin et que le fil de fer qui passe au sommet de chaque poteau ne soit fixé qu'à un pan, on enforcera obliquement en terre à 0^{m}60 du sol et 3^{m}50 du dernier poteau un pieu solide, sur lequel passera le fil, bien roidi, pour descendre ensuite verticalement et s'enrouler autour d'une pierre à 0^{m}40 de profondeur.

Comparons deux plates-bandes parfaitement identiques plantées l'une de cônes, l'autre de contre-espaliers ; avec ces derniers nous avons pour une même étendue de terrain une longueur double de branches de charpente et les fruits de cordons de pommiers, on n'attend le produit maximum que six ans au lieu de quatorze et comme le contre-espalier est double on a par suite seize années de ce produit en plus. Ajoutons que la formation en est bien plus facile et qu'il ne faut plus employer pour la taille une longue et incommode échelle.

Pour ces contre-espaliers en cordon vertical comme pour les cordons verticaux en espalier on peut économiser un arbre sur deux en faisant le cordon à deux branches naissant près de la base. La dépense est moitié moindre, mais on retarde d'un an l'obtention du produit maximum, il faut en outre maintenir entre chaque branche l'équilibre de végétation et enfin les vides par suite d'accident sont plus sensibles. Les deux systèmes ont donc leurs avantages et leurs inconvénients.

Les cordons horizontaux sont bons mais uniquement pour les pommiers et dans le cas que nous venons d'indiquer.

SEPTIÈME LEÇON

CULTURE SPÉCIALE DU POIRIER (fin).
TAILLE DES RAMEAUX A FRUITS.

Les fleurs naissent dans les poiriers et pommiers sur les petits rameaux âgés généralement de deux à trois ans; ils doivent être le plus près possible des branches de charpente qui en seront régulièrement garnies. On place le rameau obliquement pour laisser se développer les bourgeons, et quand ceux-ci ont quatre ou cinq centimètres on supprime les inutiles (de ce nombre sont ceux qui poussent à l'extrémité de la branche), ne gardant que le plus beau pour le prolongement. Quand le poirier est en espalier on retranche aussi les bourgeons placés du coté du mur; quant à ceux que l'on concérve, leur vigueur doit être modérée par le *pincement* c'est-à-dire que lorsqu'ils ont 0m12 ou 0m15 de long, on coupe leur extrémité avec les ongles. C'est l'opération la plus importante de l'arboriculture moderne puisqu'elle permet de diriger l'action de la sève.

Si on a oublié de pincer les bourgeons et qu'on s'en aperçoive quand ils ont environ 0m25, on a recours à la torsion qui se pratique ainsi : saisir le bourgeon là où on l'eût pincé, le tordre, l'enrouler sur lui-même et en pincer l'extrémité.

Ces opérations que l'on fait pendant la végétation ne doivent pas être exagérées.

A la base des branches de charpente les bourgeons ne sont pas bien forts ; l'hiver on y voit de petits dards de 0^m03 ou 0^m04 que l'on laisse intacts. Un peu plus haut apparaissent des rameaux de 0^m10 ou 0^m12. On pourrait ne pas y toucher, mais le rameau à fleur se constituerait à l'extrémité et nous voulons le rapprocher. Pour cela on soumet le rameau au *cassement* c'est-à-dire qu'on le casse le plus près possible du bouton supérieur aux trois premiers. Vers le haut des branches charpentières les rameaux longs de 0^m15 sont assez gros, on ne les rompt qu'à moitié, c'est le *cassement* partiel. On agit de même avec les rameaux des bourgeons tordus, que l'on soumet à l'un ou l'autre cassement selon leur vigueur, et avec les brindilles des arbres négligés si on veut les transformer en rameaux à fruits.

Enfin, on casse à quinze ou à vingt centimètres les gourmands et partiellement vers le milieu de la longueur conservée. Pour ces derniers, il y a un moyen et plus sûr et plus prompt : la greffe de rameaux à fruits. Vers la fin d'août on détache de ces rameaux dont on coupe les feuilles et on en greffe deux, un de chaque coté du gourmand, à la taille d'hiver on coupe au-dessus des greffons et on a des fruits magnifiques.

L'été suivant les boutons se développent en rosettes de feuilles ; il faut donc trois ans pour avoir des fleurs.

Lors de la seconde taille d'hiver, on est souvent tenté de couper la partie cassée ; ce serait une grande faute : il faut attendre que le bouton soit à fleur. Au point d'attache des fleurs et fruits il y a des renflements spongieux ou bourses dont l'extrémité entre en décomposition après la récolte ; on supprime cette partie à la taille d'hiver suivante.

Quelques soins que l'on prenne, il arrive des vides dans les rameaux à fruits ; on peut les combler, dans de certaines limites par la greffe des rameaux à fruits à la fin d'août ou au milieu d'avril. Dans le premier cas, on choisit un petit dard portant un bouton à fleur, que l'on reconnait à ce que sa rosette a sept feuilles. On le détache en écusson et on coupe les feuilles, en laissant le pétiole ; on pratique sur l'écorce de la branche de charpente une double incision et l'on opère exactement comme pour la greffe en écusson. Au printemps suivant le bouton s'épanouit et on a des fruits.

Si on opère au mois d'avril, il faut couper en janvier et enterrer complètement la branche portant les greffons, on a les fruits plus vite.

On peut aussi, pour les rameaux gourmands, employer la greffe en couronne perfectionnée et il est facile de p'acer sur chaque arbre autant de variétés que l'on désire.

Mais ce n'est pas tout d'avoir des fleurs et même de petites poires ; il faut encore leur donner des soins pendant leur développement. On n'en doit laisser sur chaque arbre que ce qu'il peut nourrir utilement, soit environ dix par mètre de longueur de branche charpentière ; mais pour supprimer les fruits inutiles, on attendra que tous ceux qui sont mal constitués ou véreux au début soient tombés, c'est-à-dire la fin de juin ; la suppression portera sur les parties les plus vigoureuses de l'arbre et les bouquets, en ayant soin de couper, non d'arracher, les fruits superflus.

HUITIÈME LEÇON

CULTURE SPÉCIALE DU POMMIER.

RAJEUNISSEMENT DES ARBRES; LEURS MALADIES

ET INSECTES NUISIBLES.

Le pommier est une espèce presque aussi importante que le poirier; il donne des fruits une grande partie de l'année, mais moins hygiéniques et de moins de valeur que les poires. C'est un arbre connu de toute antiquité, dérivé du pommier sauvage; les Romains connaissaient entre autres la pomme d'api, la pomme de *Apius Claudius*.

Des sept ou huit mille variétés de pommes, les meilleures sont :

NOMS DES VARIÉTÉS	ÉPOQUE de MATURITÉ	NOMS DES VARIÉTÉS	ÉPOQUE de MATURITÉ
Calville rouge d'été .	août	Royale d'Angleterre	janv. mars
Borowiski	fin aout	Calville blanc d'hiver	janv. mai
Louis XVIII	octobre	Gros Api	id
Calville St-Sauveur .	novembre	Reinette blanche. .	id.
Belle Joséphine . . .	id.	id franche ordre.	fév. mai
Pigeon d'hiver. . . .	déc à fév.	id grise htr bonté	fév. juin
Reine des Reinettes .	id.	id. de Caux . . .	id.
Reinette de Canada .	janv. mars		

Le climat qui convient au pommier est brumeux, humide, sur les collines de l'Auvergne, la région des pâturages, les Cévennes et la Normandie. Le sol doit être de consistance moyenne, un peu graveleux et frais :

On greffe sur :

1° Pommier franc obtenu de semis ; excellent pour les arbres de haut vent ;

2° Pommier doucin, sauvageon peu vigoureux ;

3° Pommier paradis autre sauvageon très-peu vigoureux, servant pour les pommiers nains. Sur ce dernier, l'arbre vit douze ans et donne abondamment dès la seconde année. On ne cultive guère le pommier, autre que le caville blanc d'hiver, en espalier ; mais sa position véritable est en plein air sous forme de cordons horizontaux comme bordure de plate-bande. Dans ce but, on choisit des greffes d'un an sur paradis, placées à 0ᵐ15ᶜ de l'allée et à deux mètres environ l'une de l'autre. Au printemps suivant on tend à 0ᵐ30 du sol un fil de fer galvanisé n° 14 ; (on peut ainsi enjamber le cordon, et on n'a pas à craindre que les fruits soient salis par la terre) ceci fait on couche les tiges sur le fil de fer, presque à angle droit en prenant les précautions nécessaires pour ne pas casser la tige ; mais l'extrémité doit être relevée suivant l'angle de 25°. Tous les ans, on aura soin de coucher le développement dont l'extrémité sera redressée et non taillée jusqu'à ce qu'on arrive à l'arbre suivant. Autrefois on soudait tous les pommiers entre eux et on prétendait, ce qui n'est guère fondé, équilibrer la végétation sur tout le cordon. On traite aujourd'hui l'extrémité de la tige, comme celle des autres arbres.

En 1818, M. Bertrand, d'Auxerre, employait déjà le cordon, mais bi-latéral, ce qui avait pour inconvénients de retarder d'un an la formation de la charpente et d'obliger à surveiller la végétation pour en maintenir l'équilibre entre les bras, chose qui est toujours difficile surtout sur les terrains inclinés.

Lorsqu'on a été trompé par le pépiniériste qui a fourni des arbres sur doucin, la mise à fruits est retardée. On l'accélère en greffant les arbres de deux en deux et deux ans après on supprime la tige du second arbre, le cordon nourrit alors quatre mètres de branches de charpente et les fruits apparaissent plus tôt.

Il faut éviter de placer deux cordons parallèles l'un au-dessus de l'autre, ce dernier devenant alors chétif.

La taille des rameaux à fruits est la même que pour les poiriers.

En présence d'un arbre assez vigoureux, soumis à la taille, que l'on n'a pas convenablement traité et dont on n'a pas tiré tout le profit possible, il vaut beaucoup mieux le *restaurer* que le détruire. Supposons un arbre en espalier dont les branches à peine taillées occupent une grande surface, mais ne donnent de produit qu'aux points extrêmes. Pour en refaire la charpente, vers le mois de mars on coupe les branches principales à 0m 15 de leur naissance ; en été, il se développe de nombreux bourgeons dont on ne conserve que ceux utiles à former la nouvelle charpente et dès lors, on continue comme pour les jeunes greffes. On peut même, si on n'a pas la branche principale comme on la désire, recéper à 0m 30 du sol et choisir ensuite dans les bourgeons celui qui paraît présenter l'aspect désiré.

Enfin, si l'arbre n'appartient pas à une bonne variété, on place sur les coupes des greffes en couronnes avec lesquelles on forme la charpente.

On applique les mêmes principes aux arbres en plein vent.

Il faut toujours éviter les demi-mesures qui ne donnent pas de demi-résultats. Si on a dans un jardin une quantité considérable de mauvais arbres, en espaliers par exemple, on choisit un tiers des plus mauvais, que l'on remplace par des cordons ; vers la troisième année, quand ils commencent à donner, on enlève le second mauvais tiers que l'on remplace comme le précédent et ainsi de même pour le reste, en ayant soin de ne faire subir aux arbres conservés provisoirement d'autre torture que l'arqûre qui produira d'abondantes récoltes.

Que si, d'autre part, nous avons de beaux cônes, les supprimerons-nous ? Non, mais nous en modifierons la forme ; nous leur donnerons, par exemple, celle du contre espalier palmette Verrier à deux faces. Dans ce but, on supprime un arbre sur deux pour avoir entre chacun six mètres d'intervalle et nous ne leur laisserons que deux mètres de hauteur; on formera, dès lors, la double palmette Verrier, d'après les mêmes principes que la Palmette simple, en établissant des supports maintenant les deux faces à 0^m 60 l'un de l'autre. On aura de la sorte 24 mètres de surface, pour chaque pied, et les meilleurs résultats.

Un arbre commence-t-il à vieillir, on lui procure une nouvelle existence en faisant développer des bourgeons vigoureux ; c'est ce qu'on obtient en diminuant l'étendue de la branche de charpente, en recépant, comme pour la restauration.

On aura en même temps un système de racines entièrement nouveau, il sera donc bon de faire à 0^m 60 de l'arbre une tranchée d'un mètre de long dont toute la terre sera enlevée pour faire place à de la terre parfaitement fumée. Ce système est bon à la condition de n'en pas abuser et il est beaucoup plus simple de replanter par parties successives (1).

(1) Ceci s'applique aux arbres à fruits à pépin.

Maladies et insectes nuisibles. — En tête des maladies nous placerons les *chancres* qui font mourir toute la partie supérieure de la branche où ils ont pris naissance. Ils sont produits par la gêne qu'éprouve la circulation de la sève, principalement lorsque l'on fait aux arbres vigoureux des retranchements importants. Connaissant la cause, il est facile d'éviter le mal. Mais si malgré les précautions prises on voit apparaître des tâches chancreuses, on enlève toute la partie malade et deux jours après on recouvre la plaie de mastic.

La *jaunisse* ou *chlorose* tient à la suspension totale des fonctions des feuilles. La cause en est l'état de souffrance des racines due à la sécheresse, le trop d'humidité, les larves, etc. On doit donc faire disparaître la cause pour faire disparaître le mal. On hâte cette disparition par l'emploi en arrosage d'une dissolution d'un gramme et demi de sulfate ds fer par litre d'eau.

Quand l'arbre planté n'est pas d'une nature s'accommodant au sol, il se forme à la greffe des nodosités qui le font mourir ; pour éviter cet inconvénient, on *affranchit* l'arbre en pratiquant sur la nodosité, vers le mois de mars, trois ou quatre entailles pénétrant jusqu'au bois. On accumule ensuite à cet endroit de la terre bien fumée avec une couche de litière. Il s'y forme de petites racines fonctionnant très-énergiquement et faisant pousser l'arbre en vigueur.

La *rouille des feuilles* est due à la présence d'un champignon qui vit à l'état constant sur des espèces résineuses et peut aussi changer de plantes en changeant de couleur. Il suffit de faire enlever le génévrier sabine qui contient ces champignons pour faire cesser la maladie.

Les animaux les plus nuisibles sont les *lièvres* et les *lapins* qui rongent l'écorce des jeunes arbres. Veut-on les éloigner? A l'entrée de l'hiver, on badigeonne les arbres d'une bouillie de chaux éteinte et de suie de bois. Se garder d'employer le goudron de gaz qui très-souvent brûle et désorganise les parties sur lesquelles on l'applique.

Pour bien détruire les insectes, il faudrait connaître leurs mœurs. Le *hanneton* sous forme de larve dévore les racines. On sait qu'il apparaît tous les deux ou trois ans et que vers le mois de mai, sa femelle pond dans le sol, alors peu dur, à $0^m 03$ de profondeur, soixante à quatre-vingts œufs qui éclosent en très peu de jours. En juin de l'année où il doit faire son apparition, on bine les plates-bandes et on y sème à la volée de la graine de laitue ; lorsque les plantes ont trois ou quatre feuilles on s'arme d'une houlette, on enlève celles qui sont fanées et on trouve au pied des vers blancs ; on peut les faire disparaître tous en quinze jours par ce procédé.

Le *coupe-bourgeon* est une espèce de petit charançon. Dans le courant de mai, il se place à l'extrémité des bourgeons vigoureux et les pique pour y déposer un œuf qui éclot en un ou deux jours, la larve vit de la moelle de l'arbre. Il n'y a qu'à couper et brûler les bourgeons fanés.

Le *tigre* fait de grands ravages sur le poirier ; c'est une petite punaise grise à points noirs qui ronge l'épiderme des feuilles et les fait tomber. Il faut détacher la feuille et la brûler dès qu'on voit les premiers ravages. On peut également se servir d'une bouillie épaisse de chaux vive et de 500 grammes de savon vert pour quatre litres de lessive. On badigeonne les arbres et les insectes périssent ; il en est de même pour un *petit kermès* très-répandu sur les poiriers et les pommiers. Il a la forme d'une petite coquille allongée ou ronde s'appliquant sur l'épiderme de l'arbre qu'il peut faire mourir.

L'eau de savon tue la *loche*, espèce de mouche dont la larve a l'aspect gluant d'une sangsue et ronge les feuilles qu'elle laisse à l'état de dentelles.

Les *chenilles* font des dégâts considérables. Les unes pondent avant l'hiver, les petits insectes résultant de l'éclosion passent la mauvaise saison entre quelques feuilles qu'ils réunissent avec des toiles pour en sortir au printemps, envahir l'arbre et le dépouiller de ses feuilles. On doit écheniller. — D'autres pondent sur les rameaux trois ou quatre cents œufs réunis en forme de bague; on les voit et on les enlève à la taille.

La *brûlure* des feuilles sur lesquelles apparaissent des tâches noires est due à la piqûre d'un petit papillon qui y dépose un œuf dont la larve vit en rongeant la feuille entre ses deux épidermes. On les brûle ensemble.

Le *puceron laniger* attaque surtout le pommier qu'il dévaste. Il nous vient, dit-on, des Etats-Unis. Il se place sur les jeunes écorces en lignes continues du côté du sol, pique l'épiderme et amène ainsi des renflements considérables qui, arrêtant la sève, occasionnent la mort de l'arbre. Dans le jardin fruitier, on le détruit au repos de la végétation en badigeonnant l'arbre d'huile de poisson non épurée, ou, pendant la végétation, en arrosant d'eau de tabac concentrée. Dans les champs, les paysans en brûlent en grand nombre en promenant, l'hiver, de la paille enflammée sous les branches attaquées.

NEUVIÈME LEÇON

CULTURE SPÉCIALE DU PÊCHER. — CHOIX DES VARIÉTÉS.

Tous les arbres fruitiers à noyaux sont originaires de l'Orient; le plus intéressant, mais aussi celui dont la culture exige le plus de soins et le plus de dépenses, est sans contredit le pêcher qui ne serait, d'après des botanistes, qu'une variété de l'amandier.

On divise les pêches en :

1er groupe : *Pêches proprement dites* à peau duveteuse, chair fondante et quittant le noyau.

2· groupe : *Pavies* à peau dure, chair ferme et adhérente au noyau.

3e groupe : *Pêches lisses* à chair fondante quittant le noyau.

4' groupe : *Brugnons* à peau lisse, chair ferme et adhérente au noyau.

Les meilleures variétés de pêches, parmi les deux ou trois cents connues sont :

NOMS DES VARIÉTÉS.	ÉPOQUE de MATURITÉ	NOMS DES VARIÉTÉS	ÉPOQUE de MATURITÉ
Déesse hâtive	fin juillet	Bourdine de Narbonne	fin sept.
Grosse Mignonne . .	août	Chevreuse tardive. .	id.
Belle Bausse. . . .	fin août	Téton de Vénus . . .	id.
De Malte.	août, sept.	Royale.	com¹ oct.
Reine des Vergers . .	com¹ sept.	Déesse tardive. . . .	id.
Mad^{ne} r^{se} de Courson	mi-sept	Admirable jaune. . .	id.
Lisse gr. violette hât.	id.	Pavie Perséque . . .	id.
Brugnon de Stanwick	fin sept.	Pavie de Pomponne.	mi-octobre

Le climat qui convient à la culture du pêcher en plein air, sans abri, est celui de Lyon à la Méditerannée et d'Angoulême aux Pyrénées. Dans notre pays l'espalier peut être seul réservé à cet arbre. Le terrain doit être sain, exempt d'humidité surabondante, contenant une quantité suffisante de calcaire, même mélangé d'argile, mais jamais siliceux.

Les pêchers se reproduisent par la greffe en écusson :

Sur pêcher franc, dans le Midi et le Sud-Ouest.

Sur amandier, dans les terrains calcaires, fin août, commencement septembre.

Sur prunier de Damas, dans les terrains argileux, vers le milieu de juillet.

La culture du pêcher remonte à de La Quintinie, jardinier de Louis XIV et à Gerardeau, ancien mousquetaire du même roi, qui sut avec trois hectares se faire un revenu de 36,000 livres.

On doit choisir de préférence l'exposition du Sud-Est et, à son défaut, celles de l'Est et du Sud.

On plante des greffes d'un an ; le pêcher pousse rapidement une tige et des rameaux résultant de bourgeons anticipés ; s'il y en a jusqu'au sol, l'arbre est bon à mettre au feu : il faut que jusqu'à 0 ᵐ 25 du sol il n'existe que de petits yeux.

On peut cultiver le pêcher en grandes formes et en cordons. Pour obtenir une palmette Verrier, on plante l'arbre de façon à ce qu'il couvre plus tard 18 ou 20 mètres carrés. Cette opération se fait en novembre, au mois de février on pratique sur les jeunes arbres la taille d'hiver à 0 ᵐ 35 du sol, comme pour le poirier. Au mois de mai, on ne supprime pas les bourgeons inutiles afin d'aider à la reprise, mais on pince ceux qui deviennent trop vigoureux. Dès lors, on continue la formation de la charpente de la manière déjà indiquée, en ayant soin de faire venir les étages de branches à 0 ᵐ 60 l'un de l'autre.

Le meilleur moyen de palissage, quand on peut le faire, est celui à la loque, sinon le treillage.

Ici encore, les cordons sont préférables aux grandes formes.

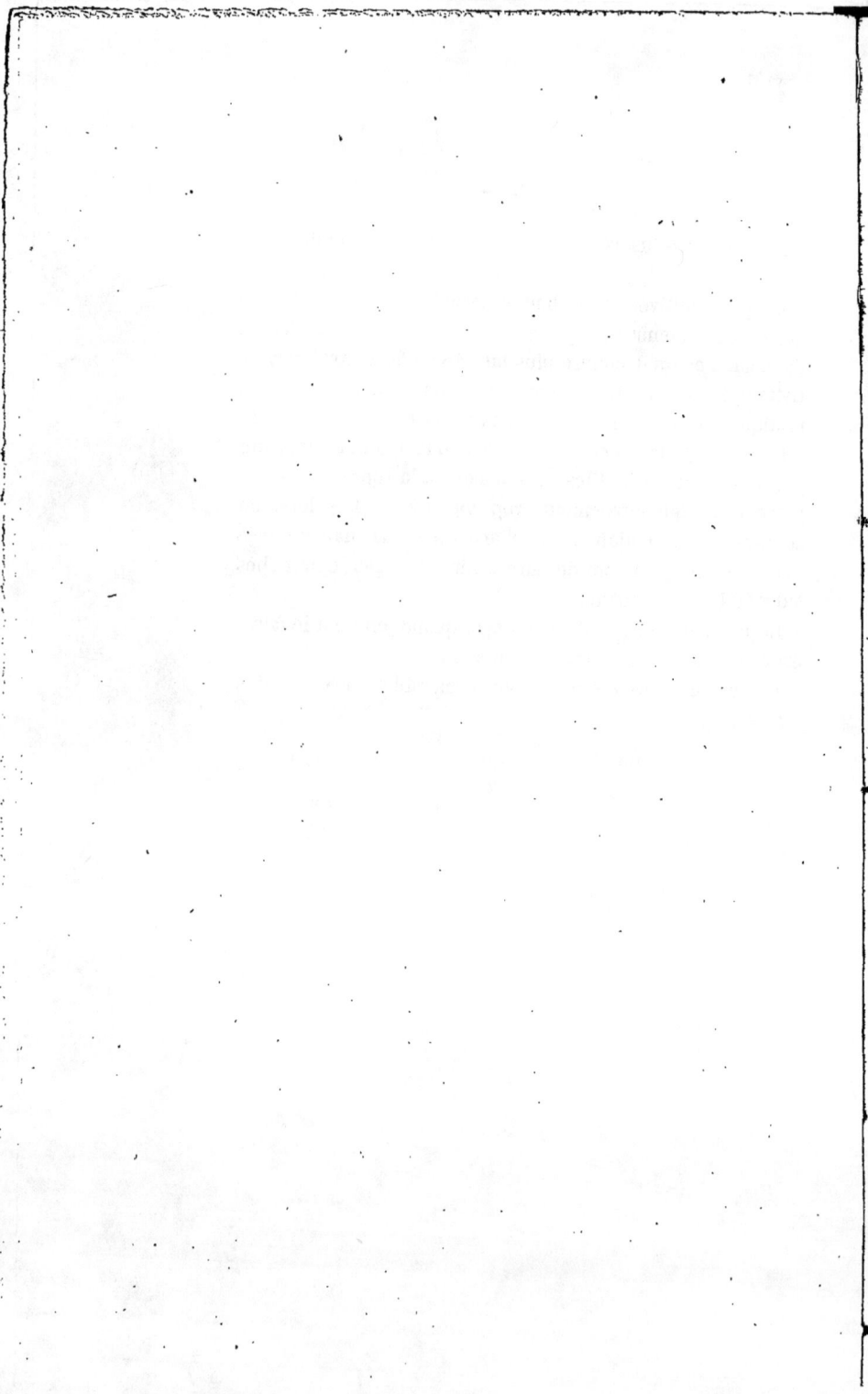

DIXIÈME LEÇON

Le pêcher n'a pas le même mode de fructification que le poirier ou le pommier. Ses fleurs naissent sur des rameaux développés l'été précédent et ne fructifiant qu'une seule fois. On trouve toujours un bouton à fleur de chaque côté d'un bouton à bois.

Il faut donc faire naître et renouveler chaque année les rameaux à fruits. Il y a pour cela deux méthodes : la taille longue ou pincement long et le pincement court.

Dans le premier cas, les rameaux à fruits sont disposés en arête de poisson en dessous et en dessus le long de la branche de charpente à 0^m10 l'un de l'autre ; on doit faire développer des bourgeons sur les prolongements successifs ; quand ils ont 0^m05, on supprime ceux qui sont inutiles, c'est-à-dire tous ceux qui poussent en avant ou en arrière, n'en gardant un ou deux que dans le cas où ils seraient destinés à remplir un vide. Des autres, on ne conserve que le plus vigoureux dans chaque groupe de deux ou trois. Cette suppression faite, les bourgeons s'allongent, mais ils n'ont pas tous la même énergie de vitalité. Quand ils ont 0 ^{m} 30, on diminue le trop de vigueur de la sève par le pincement. On pincera aussi, mais plus long, les bourgeons anticipés qui pourraient croître à la suite de cette première opération.

On doit palisser les bourgeons en deux fois, les plus vigoureux d'abord, les autres quinze jours après ; on rétablit et on maintient ainsi l'équilibre entre tous.

Il arrive trop souvent que le bourgeon de prolongement se couvre de bourgeons anticipés qui, entraînant avec eux la paire de feuilles où naîtra le fruit, font mûrir ce dernier à 0 ^{m} 10 de la base et laissent ainsi des vides dans la charpente. On obvie à cet inconvénient en coupant aux bourgeons anticipés, aussitôt leur naissance, la moitié de la feuille principale et le tiers des autres.

En dessous et à la base des branches, la sève forme des *bouquets* dits *de mai*, séries de boutons à fleurs accompagnant un bouton à bois. Lors de la taille d'hiver on les respectera, car c'est là que viendront les plus belles pêches.

Si on laissait les rameaux à fruits entiers, on aurait une belle récolte, mais au bout de quelques années, les fruits étant de plus en plus éloignés des branches de charpente, nous obtiendrions le pire résultat ; nous taillerons donc à 0 ^{m} 15 environ et il se développera ainsi des bourgeons de remplacement vers la base, sans préjudice des fruits.

On doit considérer et tailler comme rameaux à bois ceux qui, ayant à leur extrémité des boutons à fruits, ne présentent à la base que des boutons à bois. Les *branches chiffonnes* résultant d'un palissage mal fait seront taillées comme rameaux à fruits. On peut assimiler à ceux-ci et faire devenir tels les gourmands à l'aide des deux procédés suivants : Leur conserver une longueur de 0 ^{m} 30 environ et vers le milieu les tordre comme un brin d'osier ; couper les rameaux anticipés. La sève est retenue un peu à la base dont les bourgeons à bois se changent en rameaux à fruits.

Ou encore, tailler à 0^m 35 et enlever du côté du mur, au milieu de la longueur, la moitié de l'épaisseur de la branche.

Ce résultat obtenu, on applique à ces rameaux le palissage d'hiver qui, les courbant un peu, fait développer à leur base des bourgeons dont on ne conservera au mois de mai que les deux de la base et ceux avoisinant un fruit où ils attirent la sève. Si on rencontre un rameau ne portant que des bourgeons, on laisse les deux de la base et on taille au-dessus ; dans les années où il y a peu ou point de fleurs, et pour ne pas attirer les coups de gomme, on taillera d'abord les parties les plus vigoureuses et on achèvera l'opération quinze jours plus tard. Ceci fait, on terminera par le pincement et le palissage d'été comme nous les avons déjà indiqués.

Quelques soins que l'on prenne de bien garnir les branches de charpente, il se fait des vides que l'on remplit en greffant par approche, sur cette branche, un bourgeon naissant en deçà du vide et choisi vers le mois de juin. On pratique deux insertions transversales sur l'écorce et une longitudinale les joignant, on soulève l'écorce et on y introduit, après lui avoir enlevé la moitié de son épaisseur, la branche à greffer dépourvue de feuilles en cet endroit. On ligature et la soudure est complète deux ans après.

Un procédé plus simple consiste à tailler long le rameau précédant le vide et à le coucher contre la branche. On ne conserve de bourgeons qu'à l'endroit où le vide existait et on a une fausse arête.

Le second hiver, on cherche dans les rameaux les boutons à bois et on taille au-dessus des deux premiers ; on cherche ensuite les fleurs sur un autre rameau que l'on taille comme rameau à fruits.

La taille pratiquée chaque année presque au même point, la branche coursonne peut devenir noueuse, mais alors il naît des bourgeons adventices dont on profite pour rajeunir le courson.

Tel est l'ancien mode de taille. On lui préfère un nouveau système inventé par M. Grin, de Chartres ; il ne modifie en rien la formation de la charpente ; mais, lors de l'ébourgeonnement, on laisse des rameaux à fruits sur les deux cotés et en avant ; à mesure qu'ils ont 0m06 on les pince court, ne conservant que deux feuilles mais bien développées. C'est le *pincement court*. Il ne peut être effectué le même jour sur l'étendue du même arbre, mais d'une façon successive ; en même temps on coupe la moitié de la feuille la plus élevée pour diminuer la vigueur du bourgeon anticipé qui naîtra en cet endroit. Ces bourgeons se montrent à l'aisselle des grandes feuilles ; quand ils ont 0m06 on pince celui qui est né près de la feuille dont on a coupé la moitié et on laisse l'autre s'allonger librement jusqu'au mois d'août où on l'arrête à 0m30. S'il en naît de nouveaux, on pince à deux feuilles lorsqu'ils ont la longueur de 0m05.

Lors de taille d'hiver suivante, on a aux lieux des pincements successifs un amas de boutons et fleurs qu'on laisse et un rameau que l'on coupe de façon à ce qu'il fournisse un bourgeon à bois à la base. On le supprime même entièrement si, à l'amas de fleurs, il naît un ou plusieurs boutons à l'aisselle des fleurs formant rosette.

Ce mode de taille offre, entre autres avantages, celui de supprimer le palissage et l'installation coûteuse du treillage nécessaire pour cette opération. On peut en outre laisser les branches distantes à peine de 0m30 au lieu de 0m60. On a donc, pour un même espace de mur, double étendue de branches, double production ; il ne présente qu'un inconvénient : c'est l'affluence d'une grande quantité de sève au profit des bourgeons de prolongement qui se couvrent de bourgeons anticipés. Pour y remédier, on conserve sur les pêchers vigoureux deux bourgeons de prolongement à l'extrémité des branches au lieu d'un seul, et on les palisse parallèlement ; si cela ne suffisait pas encore, on palisserait le plus fort des bourgeons anticipés de l'un des deux prolongements parallèlement à ceux-ci. A la taille d'hiver on choisit dans les trois rameaux celui qui porte le moins de rameaux anticipés et l'on supprime les deux autres prolongements.

Il ne faut laisser sur l'arbre que la quantité de pêches qu'il peut nourrir utilement ; soit huit à dix par branche de charpente. On supprime les autres à la Saint Jean, quand le noyau commence à se former. — Pour qu'elles reçoivent suffisamment l'action du soleil on coupe, progressivement, les feuilles qui les ombragent.

ONZIÈME LEÇON

PRUNIER.

Le prunier fut introduit en Europe par les Romains. Ses fruits se mangent frais, ou séchés en pruneaux.

Voici le tableau des meilleures variétés :

NOMS DES VARIÉTÉS	ÉPOQUE de MATURITÉ	NOMS DES VARIÉTÉS.	ÉPOQUE de MATURITÉ
De Montfort	fin juillet	Reine Claude violette	mi-sept.
De Monsieur	com^t août	» de Bavay	fin sept.
Reine Claude ordin^{re}	fin août	Coe's golden drop. .	id.
Petite Mirabelle. . .	id.		

Quant aux gros fruits tels que le *Washington*, la *dame Aubert jaune*, etc....., ils ne servent qu'à orner la table.

Le prunier, pour venir en plein air, veut le climat de la vigne et le sol du pêcher. La forme à lui donner est celle du contre-espalier double en cordon vertical. On le multiplie par greffe sur le prunier commun, en écusson, au mois de juillet, ou par greffe en couronne perfectionnée et en fente anglaise, au printemps.

Le mode de fructification du prunier est le même que celui du pêcher ; on pincera donc les bourgeons de 0^m20 environ. Cela fait, on a sur la branche de charpente une série de rameaux dont les plus forts sont vers l'extrémité, en tout semblables à ceux qu'on voit sur le pêcher. Comme sur cet arbre, il faut raccourcir les rameaux pour avoir des bourgeons de remplacement à la base, par le cassement partiel ou complet.

CERISIER.

Le cerisier a été introduit à Rome, vers 680, par Lucullus. Ses meilleures espèces, sont :

NOMS DES VARIÉTÉS.	ÉPOQUE de MATURITÉ	NOMS DES VARIÉTÉS.	ÉPOQUE de MATURITÉ
Anglaise hâtive. . .	com^t juin	Reine Hortense. . .	com^t juillet
Belle de Choisy . . .	juin	Belle de Sceaux . .	fin juillet
Royale	fin juin	Morello de Charmeux	fin août à fin oc^t

Tout le territoire Français, sauf les terres argileuses, compactes, humides, convient à la culture en grand de cet arbre. On le greffe sur *prunier de Sainte-Lucie* ou *Mahaleb* et en écusson à la fin d'août, sur *Mérisier*, en écusson, en fente ou en couronne, à la fin de mars. Le premier est exclusivement préféré pour les arbres à basses tiges.

Avec l'exposition du Midi on obtient des fruits très-pré_
coces. La taille est celle du prunier, les formes celles des
espèces précédentes.

ABRICOTIER.

L'abricotier n'a pas d'importance, dans notre région, au
point de vue de la spéculation ; mais dans le Midi et le Sud-
Ouest sa culture donne lieu à un commerce considérable.
C'est, après l'amandier, l'arbre fruitier le plus imprudent :
il fleurit de bonne heure et a besoin du climat du pêcher dans
un sol argilo-calcaire. Il se multiplie comme le prunier. Les
principales variétés sont :

NOMS DES VARIÉTÉS.	EPOQUE de MATURITÉ	NOMS DES VARIÉTÉS.	EPOQUE de MATURITÉ
Muschs	mi-juillet	Royal	mi-août
Gros commun	com^t août	Pêche	fin août
Pourret	mi-août	Beaugé	com^t sept

L'abricotier se cultive généralement en espalier, mais il
donne de bien meilleurs fruits en contre-espalier double à
cordon vertical. La taille est la même que celles du prunier
et du cerisier.

Maladies et insectes nuisibles des arbres à fruits à noyaux.

Outre les lièvres, les lapins, les rats, les loires, les
larves, etc., déjà cités, nous mentionnerons particulièrement
le *perce-oreille* qui fait des dégâts considérables en dévorant
les jeunes pousses et les fruits. Le meilleur moyen de les

détruire est de suspendre sur les arbres, de place en place, des paquets de feuilles sèches où ils viennent en grande quantité. Le matin, on passe avec un sceau plein d'eau et on y noie ces insectes.

Le *puceron*, verdâtre d'abord, puis brun se place à la face inférieure des jeunes feuilles qu'il pique et qui se rident alors, se contournant dans tous les sens. L'arbre attaqué au commencement du mois de mai, pendant toute la végétation peut succomber. Le tabac employé en fumigations, en décoction dans l'eau ou en jus des manufactures coupé aux deux tiers, débarrasse rapidement de ces hôtes incommodes.

Les *fourmis* rongent, au printemps, l'intérieur des boutons jusqu'au bois et entament ensuite les fruits arrivés à maturité. On met une partie de miel de bonne qualité pour deux parties d'eau dans de petites bouteilles que l'on ne remplit pas entièrement et que le matin on suspend au mur : le soir, les fourmis sont prises. Si quelques une restent indifférentes, on s'en empare en plaçant au pied du mur une planche de 0m 30 centimètres carrés, couverte de filasse que l'on a soupoudré de cassonade. On pose dessus une planche et une pierre : le soir la filasse est remplie de fourmis. Si les arbres sont en plein vent, on met à la base de la tige un bourrelet de filasse enduite de *goudron végétal* et non pas de goudron de gaz.

Le *gros kermes* a l'aspect de coquilles brunes placées sur la longueur des rameaux de deux ans du côté du mur ; au printemps les œufs de la coquille éclosent et les insectes se répandent sur tout l'arbre en lui faisant un tort considérable. Un lait de chaux vive lancé avec la seringue, à la chûte des feuilles, les détruit parfaitement.

Les quatre principales maladies sont ;

La *gomme* qui désorganise le périmètre de la branche et en fait mourir toute la partie supérieure. Elle résulte de la gêne éprouvée par la sève dans sa circulation, elle vient à la suite de coups, contusions ou plaies déchirées faciles à éviter ou de gelées tardives dont on garantit l'arbre à l'aide d'abris.

Quand le mal existe, on enlève avec un instrument tranchant la partie atteinte, on laisse sécher deux ou trois jours et on recouvre ensuite de mastic.

La *cloque* est due à un refroissement subit de l'atmosphère : on peut donc l'éviter avec les abris.

La présence des champignons amène sur les feuilles des jeunes pousses du pêcher le *blanc* ou *meunier* qui arrête la végétation et atteint le fruit. Le soufrage à sec le fait disparaître complètement.

Le *blanc des racines* se développe avec une grande rapidité et fait mourir un arbre en trois ou quatre jours. Il vient surtout dans les terrains siliceux à la suite d'une pluie d'orage, l'été. Il faut bien éviter, à cette époque de l'année, d'arroser les plates-bandes où sont plantés les arbres et principalement les pêchers sur amandier et les cerisiers sur Sainte Lucie.

5

DOUZIÈME LEÇON

CULTURE SPÉCIALE DE LA VIGNE.

CHOIX DES MEILLEURES VARIÉTÉS. — TAILLE.

Le raisin de table, qui fait de fort mauvais vin, ne trouve pas chez nous un climat bien propice; les espèces qui viennent le mieux ici sont :

NOMS DES VARIÉTÉS	ÉPOQUE de MATURITÉ	NOMS DES VARIÉTÉS	ÉPOQUE de MATURITÉ
Madeleine noire . . .	fin juillet.	Muscat rouge	com^t oct
Malingre.	id.	id. blanc précoce	fin octobre
Chasselas gr^s Coulard	fin août	Gromier du Cantal .	id.
id. rosé ou royal. .	com^t sept.	Panse musquée . . .	novembre
id. Fontainebleau .	fin sept.	id. jaune	id.
Frakenthal.	com^t oct		

La vigne, en plein air, ne mûrit pas ses fruits au-delà de 52e degré de latitude par suite d'humidité dans l'atmosphère, aussi devons-nous la placer en espalier et lui donner beaucoup de soins. Tous les terrains, sauf l'argile compacte, lui sont bons.

La treille de Fontainebleau servit de modèle, il y a un siècle, aux habitants de Thomery qui cultivent cent vingt hectares de terre donnant 1,000,000 de kilogr. de chasselas.

Nous allons donc étudier cette culture perfectionnée :

Les murs, placés au Sud-Est, à l'Est et au Sud et jamais contre des terrasses qui maintiennent l'humidité, seront blanchis, auront une hauteur variant entre un et sept mètres et porteront des chaperons permanents d'environ 0m 50 c. de saillie.

Pour multiplier les espèces, on se sert indistinctement de graines, greffes, marcottes et boutures, ces deux dernières servent surtout pour la multiplication des variétés.

La *bouture proprement dite* consiste en un sarment long de 0m 50, terminé à la base et au sommet par un œil.

On lui préfère la *bouture à crossette* qui porte à la base du bois de deux ans, que l'on coupe lors de la mise en terre, car au talon il y a un amas de petits yeux qui facilitent la sortie des racines naissant en cet endroit.

Pour propager un cépage précieux on plante sous cloche, dans du terreau humide, des fragments de sarment longs de 0m 01 et portant un œil. Dans les autres cas, la bouture à crossette. On fait développer les racines en pratiquant au-dessus et des deux côtés du talon, sur une longueur de 0m 05, une entaille longitudinale mettant à nu les couches du liber.

Pour la bouture simple, on n'a qu'à faire passer la section par le milieu du nœud.

Les sarments sont coupés et préparés dans le courant de novembre, on en fait des paquets de 0m 25, que l'on place dans une tranchée longue de 0m 50 sur 0m 60 de large, où on les serre les uns contre les autres, le talon au niveau du sol.

Au commencement de mars, on déterre et on trouve un amas de tissus cellulaires qui favorisent le développement des racines. On plante alors les boutures en pépinière et on les y laisse deux ans au bout desquels on les met en la place qui leur est destinée.

Les habitants de Thomery emploient aussi beaucoup la *marcotte*. Pour cela, ils prennent des sarments à la base, les enfoncent dans la terre de 0ᵐ50 et les laissent passer hors du sol de 0ᵐ10. Ils expédient aussi des marcottes en panier; avec ces dernières on n'attend le raisin qu'un an, deux ou trois avec la marcotte nue, trois ou quatre avec les crossettes. Toutefois, la rapidité d'obtention du produit ne compense pas la dépense occasionnée.

On greffe peu : au procédé du département de Maine-et-Loire nous préférons celui du Cher. On pratique sur une tige à 0ᵐ20 de haut une entaille verticale ; on prend un sarment de 0ᵐ20 avec entaille sur le coté, on l'applique à la tige, on enfonce dans le sol en laissant sortir deux ou trois boutons et on coupe le cep deux ans après. On ne doit pas prendre les sarments au hasard, mais choisir ceux qui portent les belles grappes.

La plantation de la vigne ne se fait pas avant le milieu ou la fin de mars, le sol étant préparé comme pour les arbres dont nous avons déjà parlé. On ouvre parallèlement au mur et à 0ᵐ70 de celui-ci, une tranchée large et profonde de 0ᵐ40 au fond de laquelle on plante et que l'on remplit ensuite de terre bien fumée en laissant un vide de 0ᵐ15. Si le terrain est sec, on remplit le vide de litière pour conserver l'humidité. L'été suivant on pince le bourgeon quand il a atteint 0ᵐ50. Vers le mois de novembre, on remplace la litière par du fumier recouvert de terre de façon à niveler le sol. Au printemps de la seconde année on taille au-dessus de trois boutons. On ne conserve l'été que trois bourgeons qu'on arrête à 1 mètre et on couche le plant pour l'amener au pied du mur. Dans ce but, on ouvre entre celui-ci et les ceps une tranchée profonde de 0m40 en ayant soin de ménager les racines et on amène, en les couchant, les sarments jusqu'au mur.

Tous les ceps doivent être placés ensemble et occuper la surface entière du mur de la base au sommet.

Les cordons horizontaux superposés à un intervalle de 0m40c et placés en **T** sont remplacés depuis quelques années par les cordons verticaux:

Les ceps sont plantés de façon à sortir de terre à 0m35 l'un de l'autre. La première tige va jusqu'au sommet du mur, la seconde à moitié, la troisième au sommet, la quatrième à moitié et ainsi de suite, les grands ceps n'ayant de coursons qu'à partir du point où se terminent les petits. Ces coursons ont la disposition d'arête de poisson, à 0m25 environ, l'un de l'autre. Ils ont tous une vigueur égale car la forme adoptée restreint la végétation dans un espace peu considérable.

Le treillage est en fils de fer galvanisé n° 14 placés à 0m20 l'un de l'autre et supportés de mètre en mètre. Les bourgeons de prolongement sont dressés à l'aide de lattes larges de 0m02.

On ne plante qu'un nombre de ceps égal à la moitié des tiges que l'on veut avoir. Quand ils ont fourni les trois sarments, au moment où on les couche, on en supprime un et les deux autres sont placés de façon à donner deux tiges distantes de 0m35.

Quand on a taillé à trois yeux au-dessus du sol, on a, au mois de mai suivant, des bourgeons vigoureux ; lorsqu'ils ont 0m25 on les abat tous moins trois qu'on palisse. L'année d'après on obtient trois sarments. On forme un cep avec un de ces sarments que l'on taille, les autres sont coupés et l'été on a une certaine quantité de bourgeons : on n'en conserve que trois assez éloignés du sol. On taille deux sarments à deux yeux et la tige de manière à ce qu'elle en fournisse deux semblables à ceux-ci. Si les yeux sont à la hauteur désirée mais du coté opposé à celui où on les voulait, on profite du moment de la taille pour tordre le sarment, (ce qui ne lui nuit en rien) et le faire venir en la position désirée.

Pour les grandes tiges on supprime les sarments et on taille à 0m60 jusqu'à ce qu'elles aient une hauteur suffisante. On peut conserver deux ou trois bourgeons qui donnent du raisin et que l'on coupe à la taille d'hiver. Dès que la tige est arrivée au point où les coursons peuvent se développer, on agit comme nous venons de le dire.

TREIZIÈME LEÇON

CULTURE SPÉCIALE DE LA VIGNE (fin) — MALADIES
ET ANIMAUX NUISIBLES.

Dans la vigne, les fleurs naissent sur les bourgeons de l'année même ; il n'y a que les boutons naissant dans le bois développé l'année précédente qui puissent porter des grappes. Celles-ci sont d'autant plus nombreuses que le bourgeon est plus près de l'extrémité ou du milieu du sarment. A Thomery on taille le sarment à deux yeux, y compris celui placé à la base; l'anné suivante on a deux sarments, on supprime le plus éloigné, on taille l'autre à deux yeux, et ainsi de suite. S'il se développe plus de deux bourgeons, on attend pour les supprimer qu'ils aient environ 0ᵐ20 ; ne conservant que le plus rapproché de la base et celui qui porte les plus belles grappes.

Toutefois, dans les années fertiles ou de disette, on ne garde que le bourgeon de remplacement qui est en même temps le bourgeon fructifère. Après ces opérations les bourgeons poussent vigoureusement, on les pince successivement à 0ᵐ40 en terminant par les plus faibles.

Les bourgeons sont soumis au palissage d'été qui se

fait en deux fois, quand ils ont 0ᵐ 35 on les amène à
moitié du mur et quinze jours après on recolle, c'est-à-dire
qu'on les place définitivement contre le mur, parallallèlle-
ment les uns aux autres, suivant l'angle de 45° (pour les
cordons verticaux.) On peut faire coïncider l'époque de ces
opérations avec celle du pincement. Si on voit apparaître les
bourgeons anticipés à l'aisselle des feuilles on ne leur laisse
qu'une feuille à la base.

Lorsqu'il se forme une partie noueuse au courson on le
rajeunit ou plutôt on le supprime et on taille à deux yeux le
sarment de la base.

Le raisin, une fois obtenu, a besoin de soins : quand les
grains auront la grosseur d'un petit pois on ne conservera
sur chaque bourgeon fructifère qu'une grappe.

Vers le mois de juillet on fait le cisèlement. Avec des ciseaux
à pointe émoussée on coupe la pointe des grappes allongées
et on enlève le tiers ou la moitié des grains, sur les deux
tiers de la récolte. C'est une opération longue et minutieuse
mais rigoureusement nécessaire puisque les fruits sont plus
beaux et plus vite mûrs. A la même époque, on commence à
enlever sur le cep une petite quantité de feuilles déformées
ou placées du côté du mur. Quand les raisins claircissent, on
procède à un second effeuillement portant sur des feuilles en
avant, enfin, à complète maturité, on enlève les *parasols*
ou feuilles couvrant les grappes qui, frappées tour à tour par
les rayons du soleil et les rosées, prennent la teinte dorée.

Pour abriter les fruits, outre les chaperons dont nous
avons parlé, les habitants de Thomery placent à moitié du
mur des broches en fer inclinées à saillie de 0ᵐ 40, distantes
de 1ᵐ 50 et supportant, dès le mois de juillet, des planches.
On hâte la maturation en pratiquant, avec le *coupe-sève*,
l'incision annulaire, mais on ne le fait que rarement.

Le produit maximum d'une treille en cordons verticaux,

sur un mur haut de trois mètres, s'obtient vers la septième année en poids et vers la dixième année en grappes.

La treille est vieille vers la vingtième année. Il vaut beaucoup mieux la rajeunir que d'en planter une autre.

Pour cela, on recèpe en mars à 0m 10 du sol, on laboure la plate-bande énergiquement fumée, et des bourgeons vigoureux qui se développent on choisit, quand ils ont 0m 35, le plus beau que l'on couche : il donne l'année suivante un sarment avec lequel on refait le même travail que précédemment.

On transforme facilement les cordons horizontaux du sommet des murs en cordons verticaux : on coupe le tiers de la longueur des branches, on les laisse pousser librement, on déchausse le cep à la base en mettant de la terre fumée, on couche dans la plate-bande les sarments dont on a besoin, on enlève les autres et on refait la charpente.

La taille longue à 0m 35 avec arqûre des sarments, donne aussi d'excellents résultats ; on évite facilement son inconvénient le plus grave, la surabondance du produit, en faisant disparaître la quantité de raisin trop considérable.

Animaux nuisibles et maladie de la treille. — Outre les animaux dont nous avons déjà parlé, il y a des oiseaux que l'on éloigne avec les filets, peu coûteux, qui protègent efficacement cérises et raisins en espalier ; les sacs garantissent des guêpes, des frelons et des mouches.

L'*oïdium*, espèce de champignon blanc grisâtre, amène la pourriture des sarments et la mort du cep en deux ou trois ans. Le soufrage à sec, dans le moment le plus chaud de la journée, est un excellent moyen de le faire disparaître et surtout de le prévenir.

QUATORZIÈME LEÇON

SOINS A DONNER AUX ARBRES.
RÉCOLTE DES FRUITS ; MOYENS DE LES CONSERVER.

On maintient le sol ouvert aux agents atmosphériques à l'aide de labours avec des instruments à dents qui ne mutilent pas les racines. La fumure, dont nous avons déjà dit quelques mots, doit être entretenue, soit que l'on recouvre tous les ans la terre de fumier, soit qu'on emploie les engrais tels que le guano pulvérisé et mélangé à huit fois son volume d'eau, les matières fécales et le sang des abattoirs mélangés dans de l'eau à un kilog. de sulfate de fer par hectolitre de liquide, les urines, le purin et les autres engrais à décomposition lente que nous citons plus haut. Pour empêcher les arbres, une fois plantés, de souffrir de la sécheresse on a recours vers le mois de mai, à un binage, pulvérisant la couche superficielle de la terre. Quant aux arrosages ils sont détestables, ils font pourrir les racines et entraînent plus avant dans la terre la partie utile des engrais destinés à ces mêmes racines.

Pour garantir de la gelée les fruits des espaliers on a recours aux paillassons que l'on ajoute, tout l'hiver, aux petits chaperons fixes, et aussi à des toiles semblables à

celles qui servent à coller les papiers de tenture. On les tend
entre le chaperon et le bord de la plate-bande ; on les retire
le jour pour les remettre chaque soir.

Les contre-espaliers doubles à cordons verticaux peuvent
être abrités de la même façon ; mais il n'y a aucun moyen
de soustraire les arbres en plein vent à l'action du froid.

L'été, lors des fortes températures on peut bassiner les
arbres au plus deux fois par semaine, c'est-à-dire leur
donner le soir, une légère quantité d'eau sous forme de pluie
très-fine.

Une bouillie épaisse d'argile et chaux éteinte empêche
l'écorce de se durcir et les étranglements de se produire.

On doit cueillir tous les fruits à noyau, sauf les cerises,
un jour ou deux avant qu'ils ne tombent d'eux-mêmes, ceux
à baies, tels que le raisin, le plus tard possible.

Enfin les fruits à pépin se divisent en fruits d'été que l'on
récolte cinq ou six jours avant leur complète maturité et en
fruits d'hiver qu'on récolte au mois d'octobre. Pour les
cueillir il faut choisir le moment où le soleil est à l'horizon.

Une fois détachés de l'arbre, un à un, à la main, on les
place dans un panier très-large et peu profond, pouvant
contenir trois lits de feuilles et trois couches de fruits. Une
fruiterie est absolument nécessaire pour conserver la récolte : on l'établira dans un lieu froid, sain, exempt d'humidité, à température constante de 8° à 10°, et ne recevant pas
la lumière. Les dimensions varieront suivant les besoins ; un
espace long de 5 mètres, large de 4 et haut de 3 peut contenir 10,000 fruits. Deux murs distants de 0m50 préservent
l'intérieur de l'influence des variations de la température
extérieure : ils seront en briques creuses sur fondations en
maçonnerie cimentée. Le plancher se composera d'une couche de béton recouvert de bitume, le plafond de solives
laissant des vides remplis avec de la mousse, surmontées

de planches et d'une couverture en chaume formant grenier. Trois ouvertures, dont deux latérales, ayant 0ᵐ50, laisseront entrer l'air et la lumière avant la récolte. On les fermera ensuite à double cloison, de même qu'à l'entrée l'on a double porte, telle qu'on n'ouvre la seconde qu'après avoir fermé la première. De tous côtés un lambri continu, et à partir de 0ᵐ40 au-dessus du sol, des tablettes distantes de 0ᵐ30 et larges de 0ᵐ50. Elles sont formées de quatre feuilles de 0ᵐ09, entre chacune des quelles on laisse un espace de 0ᵐ01. On les place horizontalement d'abord, puis inclinées à partir de l'endroit où le rayon visuel quitte l'horizon, afin de surveiller facilement tous les fruits. — On mettra au centre de la pièce une table aussi grande que possible.

Les frais d'installation d'une semblable fruiterie ne s'élèveront pas à plus de 1500 francs.

Les fruits apportés sont posés sur la table, triés et rangés sur de la mousse sèche formant matelas, de façon à ne pas se toucher ni s'écraser sous leur propre poids. Pour faire disparaître l'humidité qu'ils peuvent répandre dans la pièce on a recours à l'emploi du chlorure de calcium. Dans une fruiterie semblable à celle dont nous venons de parler, dix kilogs suffiront pour tout l'hiver. On construit un chassis de 0ᵐ10 de haut, 0ᵐ50 de large et autant de long, doublé de feuilles de plomb et muni d'un déversoir en un côté. On le place sur un petite table inclinée, quand le chlorure se liquéfie il est reçu dans un vase à orifice étroite surmonté d'un entonnoir. Plusieurs années de suite on peut évaporer ce liquide sur une chaudière et on en retire ainsi le chlorure de calcium qui sert toujours. La quantité nécessaire de ce chlorure varie suivant l'état des fruits.

Le raisin doit rester sur la treille le plus longtemps possible ; on peut ensuite le conserver soit en l'étendant sur des chassis formés avec un treillage en fil de fer couverts de feuilles de fougère, soit en le suspendant par la pointe avec un S également en fil de fer. Les habitants de Thomery préfèrent le procédé suivant, connu déjà de Columelle: au moment de la récolte on a des rateliers fixes, hozizontaux, à 0^{m}30 l'un de l'autre, de même forme que ceux destinés à porter des pipes. Dans chaque cran, on suspend une bouteille remplie aux trois quarts d'eau et contenant une pincée de poudre de charbon de bois. On laisse alors une longueur de 0^{m}50 aux sarments et on les plonge dans les bouteilles. Si le local présente toutes les conditions que nous venons d'indiquer, le raisin se conservera jusqu'au mois d'avril.

QUINZIÈME LEÇON

CULTURE DES VERGERS. — MALADIES QUI PEUVENT
S'Y DÉVELOPPER.

On distingue le verger agreste, vaste espace en plein
champ, où on cultive des plantes agricoles sous les arbres,
et le pré verger, surface gazonneuse, clos de haie vive et
planté d'arbres de haut vent. Ce dernier est exposé, autant
que possible, au sud ou au levant. Le terrain choisi, on pré-
pare le sol aux points qui seront occupés par les arbres, en
creusant en ces endroits des trous circulaires dont le diamètre varie de 1 à 2 mètres et la profondeur de 0 m. 60
à 1 m., selon la richesse du terrain. Ce sont surtout les
pommiers à cidre que l'on cultive ainsi, on doit planter
10 variétés douces, peu acides, 20 sucrées et amères,
30 acides, les plus productives, les meilleures et dont la
tête prend naturellement la forme conique arrondie.

Si l'on veut faire du poiret, même observation. La variété
la plus recherchée est celle des carisi. Il faut alors un
climat plus doux, un sol plus riche que pour le pommier.

Lors de l'achat des arbres, on les demandera ayant à
un mètre au-dessus du sol une circonférence de 0 m. 12 à

6

0 m. 14. On laissera s'élever la tête assez pour que son ombre ne nuise pas à la récolte, que les bœufs et les chevaux puissent passer dessous sans l'atteindre. Avant il faut planter. C'est ce qu'on fera en quinconce, cette forme couvrant régulièrement le terrain et permettant d'y mettre, sans inconvénient, une plus grande quantité de tiges.

Dans le verger agreste, la distance laissée entre chaque arbre est de 30 m., dans le pré verger, de 10 à 14 m. Toutefois, la distance doit être diminuée d'un tiers pour les cerisiers et les pruniers.

La plantation se fait exactement comme dans le jardin fruitier, avec cette seule différence que, dans les prés exposés aux inondations, on établit autour de chaque pied d'arbre une butte qui le soutienne. On défend les jeunes plantes contre les bestiaux à l'aide d'*armures*. On prend des lattes en bois de sciage hautes de 1^m80, larges de 0^m03, épaisses de 0^m02, percées par une série de pointes de Paris sortant extérieurement, longues de 0^c35 et éloignées de 0^m06. Les lattes sont placées au nombre de quatre à une distance de 0 m. 06 l'une de l'autre et réunies par des fils de fer recourbés en crochets à leur extrémité. On obtient ainsi un véritable hérisson circulaire mobile tournant, autour des arbres comme axes, avec les animaux qui s'y frottent. Six ans après, l'arbre est plus fort ; l'armure usée est remplacée par une corde de paille enroulée jusqu'à une hauteur de 1 m. 50. — Un épinage bien fabriqué garantit de la dent des moutons.

Dans les terrains brûlants, on recouvre le sol de cailloux qui forment un véritable dallage maintenant très bien l'humidité surtout s'ils recouvrent une couche de 0 m. 05 environ de feuilles mortes, etc.

Les arbres de verger ne doivent être taillés que s'ils ne se trouvent pas au milieu de terres labourées ou servant habituellement à la pâture des bestiaux. On les taille en gôbelets : pour obtenir cette forme, l'année du développement des greffes on maintient l'équilibre entre trois d'entre elles, que l'on coupe à 0 m. 30, au-dessus de deux boutons latéraux, les années suivantes on a, par le même procédé, 6, 12, etc., rameaux et le gobelet une fois formé, on empêche le développement de productions vigoureuses à l'intérieur, qui arrêteraient les rayons du soleil.

Les pommiers donnent des fruits dès la septième année, mais font attendre vingt-cinq à trente ans leur produit maximum, qui est d'environ douze hectolitres par tête, soit deux hectolitres de cidre. Les poiriers, dont les fruits servent à fabriquer une boisson inférieure, sont plus productifs et moins sujets à l'intermittence dans la production.

La cueillette doit être faite avec grand soin, par un très beau temps et toujours sans *gaules*.

Maladies. — Outre les maladies que nous avons vu précédemment, il y a les *ulcères*, résultant du séjour plus ou moins long de l'eau des pluies tombant sur une plaie contuse : on les évite donc très facilement. Si on n'avait pas soin de faire une section bien nette et de la recouvrir de résine, il en résulterait aussi ces ulcères qui amènent la pourriture ou *carie* des troncs qui deviennent complétement creux. Quand le mal existe, on l'arrête en remplissant le creux, bien nettoyé, de moellons réunis ensemble à l'aide de mortier (chaux et sable). Arrivé à l'ouverture, on met à nu les couches du liber, on scelle du mortier et on recouvre de résine. L'arbre conserve ainsi une durée d'existence aussi longue que s'il ne lui fut survenu aucune maladie. En Auvergne, on fait cesser la carie des chataigniers en carbonisant les parois de l'intérieur où on allume un feu assez vif.

On remarque parfois la naissance de *rejets* aux pieds des arbres ; elle est due à l'endurcissement de l'écorce par le soleil et à la gêne qu'en éprouve la circulation de la sève. On déchausse l'arbre, on arrache les rejets et on pratique, du côté du midi, des fentes allant de la greffe au collet de la racine, l'arbre s'affranchit et reprend de la vie ; mais il vaut mieux éviter cet accident par un badigeonnage de lait de chaux.

Les lichens, mousses, etc., disparaissent, si, après avoir bien gratté les arbres, on les badigeonne de la même façon.

TABLE DES MATIÈRES

Saint-Quentin. — Imprimerie LÉON MAGNIER fils, rue Saint-Jacques, 6.

10

www.ingramcontent.com/pod-product-compliance
Lightning Source LLC
Chambersburg PA
CBHW050554210326
41521CB00008B/961